全国高职高专院校机电类专业规划教材
教育部高职高专自动化技术类专业教学指导委员会规划教材

附赠光盘
CD-ROM

电工技术实训

陈跃安　贺　刚　主　编
丁金根　夏春风　副主编
吕景泉　张文明　主　审

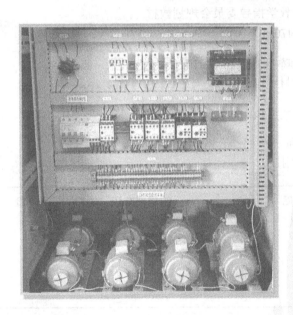

DIANGONGJISHUSHIXUN

U0310595

中国铁道出版社有限公司
CHINA RAILWAY PUBLISHING HOUSE CO., LTD.

内 容 简 介

本套教材为教育部高职高专自动化技术类专业教学指导委员会规划教材，共分三册，分别是《电工技术》、《电工技术习题指导》、《电工技术实训》，可供不同专业组合选用。工科非电专业宜选择《电工技术》+《电工技术习题指导》，电类专业可选择全套。

本书为《电工技术实训》，主要由"电工基本技能"、"维修电工中级工考核题库（应会部分）"、"维修电工中高级工拓展训练"等三部分组成。

本书适合作为高等职业院校电气自动化技术及相关专业的电工技术实训教材，也可作为成人高校或广播电视大学、维修电工的自学教材。

图书在版编目（CIP）数据

电工技术实训/陈跃安，贺刚主编. --北京：中国铁道出版社，2010.9（2021.12重印）

全国高职高专院校机电类专业规划教材　教育部高职高专自动化技术类专业教学指导委员会规划教材

ISBN 978-7-113-11470-1

Ⅰ．①电…　Ⅱ．①陈…　②贺…　Ⅲ．①电工技术－高等学校：技术学校－教材　Ⅳ．①TM

中国版本图书馆 CIP 数据核字（2010）第 156141 号

书　　名：电工技术实训
作　　者：陈跃安　贺　刚

策　　划：秦绪好　何红艳　　　　　　编辑部电话：（010）63560043
责任编辑：秦绪好　　　　　　　　　　版式设计：于　洋
编辑助理：王爱丽
封面设计：付　巍
封面制作：李　路
责任印制：樊启鹏

出版发行：中国铁道出版社有限公司（100054，北京市西城区右安门西街 8 号）
网　　址：http://www.tdpress.com/51eds/
印　　刷：北京富资园科技发展有限公司
版　　次：2010 年 9 月第 1 版　　　2021 年 12 月第 6 次印刷
开　　本：787mm×1092mm　1/16　印张：11.5　字数：270 千
印　　数：7 501～8 000 册
书　　号：ISBN 978-7-113-11470-1
定　　价：24.00 元（附赠光盘）

出版说明

IMPRINT

随着我国高等职业教育改革的不断深入，我国高等职业教育的发展进入了一个新的阶段。教育部下发的《关于全面提高高等职业教育教学质量的若干意见》教高[2006]16号文件，旨在阐述社会发展对高素质技能型人才的需求，以及如何推进高职人才培养模式改革，提高人才培养质量。

教材的出版工作是整个高等职业院校教育教学工作中的重要组成部分，教材是课程内容和课程体系的载体，对课程改革和建设具有推动作用，所以提高课程教学水平和教学质量的关键在于出版高水平、高质量的教材。

出版面向高等职业教育的"以就业为导向，以能力为本位"的优质教材一直是中国铁道出版社的一项重要工作。我社本着"依靠专家、研究先行、服务为本、打造精品"的出版理念，于2007年成立了"中国铁道出版社高职机电类课程建设研究组"，并经过三年的充分调查研究，策划编写、出版了本系列教材。

本系列教材主要涵盖高职高专机电类的公共课、专业基础课，以及电气自动化专业、机电一体化专业、生产过程自动化专业、数控技术专业、模具设计与制造专业、数控设备应用与维护专业等六个专业的专业课。本系列教材作者包括高职高专自动化教指委委员、国家级教学名师、国家级和省级精品课负责人、知名专家教授、职教专家、一线骨干教师。他们针对相关专业的课程，结合多年教学中的实践经验，吸取了高等职业教育改革的最新成果，因此无论教学理念的导向、教学标准的开发、教学体系的确立、教材内容的筛选、教材结构的设计，还是教材素材的选择都极具特色和先进性。

本系列教材的特点归纳如下：

（1）围绕培养学生的职业技能这条主线设计教材的结构，理论联系实际，从应用的角度组织编写内容，突出实用性，并同时注意将新技术、新成果纳入教材。

（2）根据机电类课程的特点，对基本理论和方法的讲述力求简单、易于理解，以缓解繁多的知识内容与偏少的学时之间的矛盾。同时，增加了相关技术在实际生产、生活中的应用实例，从而激发学生的学习热情。

（3）将"问题引导式"、"案例式"、"任务驱动式"、"项目驱动式"等多种教学方法引入教材体例的设计中，融入启发式的教学方法，力求好教、好学、爱学。

（4）注重立体化教材的建设。本系列教材通过主教材、配套光盘、电子教案等教学资源的有机结合，来提高教学服务水平。

总之，本系列教材在策划出版过程中得到了教育部高职高专自动化技术类专业教学指导委员会以及广大专家的指导和帮助，在此表示深深的感谢。希望本系列丛书的出版能为我国高等职业院校教育改革起到良好的推动作用，欢迎使用本系列教材的老师和同学们提出宝贵的意见和建议。书中如有不妥之处，敬请批评指正。

中国铁道出版社

2010年8月

高职教育改革进入了一个新阶段。

教学资源建设、"双师型"教师队伍建设和实践教学基地建设是办好高职教育、办出高职特色的三大基本建设，也是实现高职人才培养的重要保证。相对而言，教材建设是当前高职教育中最薄弱的环节。

教材改革是高等职业教育教学改革的核心，教育思想和职教理念、专业建设和课程体系、教学方法和学法的改革最终必须通过教学内容，即教材的改革才能落实。我国目前高职教材建设存在的主要问题是：

（1）缺乏适合现代高职教育特色的教材，更缺乏"精品"教材；

（2）教材内容交叉重复，脱离实际，针对性不强；

（3）教材内容、体系、结构陈旧；

（4）新教学技术、教学方法的体现不够；

（5）具有高职特色的实践教材严重缺乏。

高职教材建设应该依据的五原则：

（1）体现高职教育特色原则；

（2）体现现代教法与学法原则；

（3）体现理论与实践的紧密结合原则；

（4）体现编写形式创新原则；

（5）体现国际化原则。

2006年以来，教育部高职高专自动化技术类专业教学指导委员会相继成立了专业建设工作组和课程建设工作组，加强专业建设规范、教学标准、专业课程体系和课程教学内容的交流研讨，形成了相关建设成果。

本套教材是在此基础上，以陈跃安老师为团队牵头人，遴选了相关院校的专业带头人和骨干教师，充分利用积累的课程建设实践经验成果编撰成立体化教材。本套教材建设团队在教材建设"五项"原则方面进行了有益的探索，在引进行业、企业标准嵌入教学体系进行有机融合方面进行了探索，在建设数字化课程资源方面进行了探索，对于高等职业教育机电类专业平台类课程的教学改革和实施提供了很好的载体。

2010 年 7 月

电工技术实训是自动化类专业的一门重要实训课程。为使本课程能更好地与维修电工国家职业标准接轨，将学历教育中的知识和技能点与之对应，我们特编写本教材，供自动化类专业教学及维修电工培训鉴定学习参考。

本书为《电工技术实训》，主要由"电工基本技能"、"维修电工中级工考核题库（应会部分）"、"维修电工中高级工拓展训练"等三部分组成。

电工基本技能部分包括：照明电路的安装与调试、电动机"起–保–停"控制电路的安装与调试、电动机正反转控制电路的安装与调试、星形–三角形降压起动电路的安装与调试、电动机的拆装与绕组判别、电路故障排除技能训练、CA6140 型车床的电气测绘等七个项目教学。

维修电工中级工考核题库（应会部分）包括：双速电动机控制线路安装、星形–三角形降压起动手动控制线路安装、串电阻自动降压起动控制线路安装、两台电动机顺序起动及停转控制线路安装、正反转起动反接制动控制线路安装、正反转起动能耗制动控制线路安装、工作台自动往返控制线路安装等七个题目训练。

维修电工中高级工拓展训练部分包括：车床故障检修与排除、万能铣床的排故、平面磨床的排故、摇臂钻床的排故、镗床的排故、电磁调速电动机控制器的故障排除、电梯系统排故等七个课题训练。

本书经过两年来有关学校使用，效果良好，特色鲜明：

（1）所有内容均以项目形式呈现，且各项目均具有相对独立性，教学中可根据课时及相关专业的课程标准灵活选择。

（2）所有内容均来自工作实际，可操作性强，符合基于工作过程的课程开发设计理念，部分项目还提供了难度选择，并增加了维修电工（高级工、技师）应会内容的相关题库，有助于研究性学习和实践创新学习的能力提高。

（3）本书在编写中注重图文并茂、形象直观，特别是第一部分配有多媒体教学课件，该课件荣获 2009 年度教育部高职高专自动化技术类专业教学指导委员会教学课件一等奖。该课件立体交互性好，且运用了大量的视频材料，能有效地指导学习和帮助读者克服难点。

（4）书末附有每个项目的实训项目报告表，学生不必另抄题，课程结束后，将作业部分按裁剪线剪下装订存档。

本书由常州纺织服装职业技术学院精品课程主持人——副教授、高级技师陈跃安，贺刚共同主编，常州铁道高等职业技术学校丁金根、苏州农业职业技术学院夏春风担任副主编。吕景泉教授和张文明副教授担任主审。参加编写的有：常州纺织服装职业技术学院严美娴、颜建美；苏州农业职业技术学院赵亚平、沈长生；常州铁道高等职业技术学校朱菊香、戚丽丽老师；常州轻工职业技术学院徐文达、常州工程职业技术学院朱正芳等教师。

衷心感谢教育部高职高专自动化技术类专业教学指导委员会主任委员、国家级教学名师吕景泉教授及常州纺织服装职业技术学院教务处成丙炎处长、机电工程系张文明主任为本书提出的指导意见。

由于编者水平有限，书中若有不当之处，敬请指正。

编　者
2010 年 6 月

实训项目报告

第一部分　电工基本技能

照明电路的安装与调试

工作任务及目标

1. 在 630mm×700mm 的网板上安装图 1-1-1 所示的照明电路。双控（异地控制）一只白炽灯，单控一只荧光灯，双孔、三孔插座各一个（或五孔插座一个）。

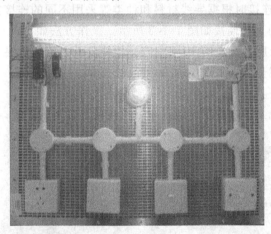

图 1-1-1　照明线路安装效果图

2. 通过此任务的完成达到以下目标：

（1）知道照明电路的组成及各部分的作用；

（2）能说出白炽灯、荧光灯的工作原理；

（3）能正确选用导线；

（4）能按工艺标准安装照明电路并会自检。

相关知识

1. 照明电路的组成、各部分名称、电路工作原理、线色的选用、双联开关的正确接线、安装工艺等见主教材《电工技术》项目三。

2. 导线剖削、连接与绝缘恢复

（1）导线的剖削

导线连接前要根据具体的连接方法及导线线径将导线的绝缘层进行剥除。常用的工具是电工刀和钢丝钳。其中电工刀常用于剖削较大线径的导线及导线外层护套，钢丝钳常用于剖削较小线径的导线。

具体的方法有：电工刀剖削，钢丝钳剖削，剥线钳剖削，如图 1-1-2 所示。注意无论采用何种工具和方法，一定不能损伤导线的线芯。

（a）用电工刀剖削　　　　　　　　（b）用钢丝钳剖削　　　　　　　　（c）用剥线钳剖削

图 1-1-2　导线的剖削

（2）导线的连接

导线的种类很多，连接时根据导线材料和种类等采用不同的连接方法。

① 单股铜芯导线的直接连接如图 1-1-3 所示。操作方法如下：

a. 绝缘层剥削的长度为线经的 70 倍左右，用纱皮纸去掉氧化层。

b. 把两线头的芯线呈 X 形交叉，互相绞绕 2~3 圈。

c. 然后扳直两线头。

d. 将两线头在芯线上紧贴并绕 6 圈，用钢丝钳截下余下的芯线，并钳平芯线的末端。

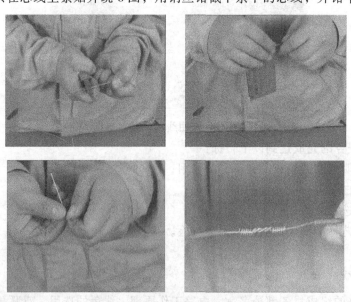

图 1-1-3　单股铜芯导线的连接

这种连接方法适用于 2.5mm^2 及以下的单股铜芯导线，对于 2.5mm^2 以上的导线，连接时可采用绑扎的方法。

② 单股铜芯导线的 T 形分支连接如图 1-1-4 所示，操作方法如下：

a. 将支路芯线的线头与干线芯线十字相交，在支路芯线根部留出 3~5mm；按顺时针方向缠绕支路芯线 6~8 圈；然后用钢丝钳截去余下的芯线，并钳平芯线末端。

b. 较小截面的 T 形分支连接，应先将分支导线在主线上环绕成结状，然后再把支路线芯线头抽紧扳直，紧密缠绕 6~8 圈。

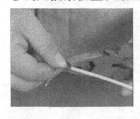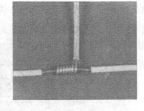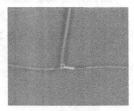

一般截面的分支连接　　　　　　　　　　　　　　　较小截面连接

图 1-1-4　单股导线的 T 形分支连接

③ 7 股铜芯导线的直接连接如图 1-1-5 所示，操作方法如下：

a. 绝缘层的剥削长度为导线直径的 21 倍左右。将割去绝缘头的芯线散开并拉直。接着把离绝缘层最近的 1/3 线段的芯线绞紧，然后将余下的 2/3 芯线分散，并将每根芯线拉直。

b. 把两个散状芯线线头隔根对叉并捏平两端芯线。把一端的 7 股芯线按 2、2、3 分成三组，接着把第一组的 2 根芯线扳起垂直于芯线，并按顺时针方向缠绕。

c. 缠绕 2 圈后把余下的芯线向右扳直，再把下边的第二组的 2 根芯线扳起垂直于芯线，也按顺时针方向紧紧压住前 2 根扳直的芯线。

d. 缠绕 2 圈后，也将余下的芯线向右扳直，再把下边的第三组的 3 根芯线扳起，按顺时针方向紧压前 4 根芯线向右缠绕。

e. 缠绕 3 圈后，截去多余的芯线，钳平线端。用同样的方法缠绕另一边芯线。

将割去绝缘头的芯线散开并拉直　　　把离绝缘层最近的 1/3 线段的芯线绞紧　　　把两个散状芯线线头隔根对叉

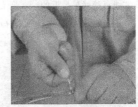

捏平两端芯线　　　　　　　把一端的 7 股芯线按 2、2、3 分成三组　　　将第一组的 2 根芯线按顺时针方向
　　　　　　　　　　　　　　　　　　　　　　　　　　　　　　　缠绕 2 圈后向右扳直

将第二组的 2 根芯线按顺时针方向 　将第三组的 3 根芯线按顺时针方向 　　截去多余的芯线，钳平线端
紧紧压住前 2 根芯线缠绕 2 圈 　　紧压前 4 根芯线向右缠绕 3 圈

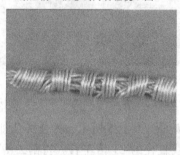

用同样的方法缠绕另一边芯线后的效果

图 1-1-5　7 股铜芯导线的直接连接

④ 7 股铜芯导线的 T 形分支连接如图 1-1-6 所示，操作方法如下：

a. 把分支芯线散开钳直，接着把离绝缘层最近的 1/8 线段的芯线绞紧，把支路线头 7/8 线芯分成两组（一组 4 根，另一组 3 根），并排齐。然后用螺丝刀把干线的芯线撬分两组，再把支线中 4 根芯线的一组插入两组芯线的干线中间，而把 3 根芯线的一组放在干线的前边。

b. 把右边 3 根芯线的一组在干线一边按顺时针方向紧紧缠绕 3～4 圈，钳平线端；再把左边 4 根芯线的一组芯线按逆时针方向缠绕。

c. 逆时针缠绕 4～5 圈后，钳平线端。

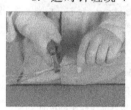 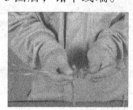  

把分支芯线离绝缘层最近的 　　把支路线头 7/8 线芯分成 　　用螺丝刀把干线的芯线 　　把支线中 4 根芯线的一组
1/8 绞紧 　　　　　4 根、3 根两组，并排齐 　　　　撬分 2 组 　　　　插入两组芯线的干线中间

 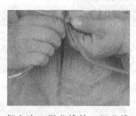 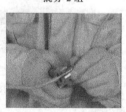 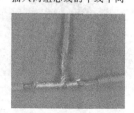

把右边 3 根芯线的一组在 　　把左边 4 根芯线的一组芯线 　　　钳平线端 　　　　　最终效果
干线一边按顺时针方向紧紧 　　按逆时针方向缠绕 4～5 圈
缠绕 3～4 圈

图 1-1-6　7 股铜芯导线的 T 形连接

⑤ 铝芯导线的连接。铜芯导线通常可以采用直接连接，而铝芯导线由于常温下易氧化及氧化铝的电阻率较高，故一般采用压接的方式，如图 1-1-7 所示。

需要特别注意的是：铜芯导线与铝芯导线不能直接连接。原因有两点：一是铜和铝的热膨胀率不同，连接处容易产生松动；二是铜和铝直接连接会产生电化腐蚀现象，通常铜、铝导线之间的连接要采用铜导线镀锡，铝导线去氧化层的方法。

2 根铝导线之间采用压接法连接

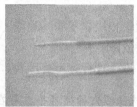
铜导线和铝导线之间不能直接连接

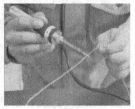
铜导线镀锡

铝导线用纱皮纸去掉氧化层

铜铝导线之间经处理后连接

图 1-1-7 铝导线及铝铜导线之间的连接

（3）导线绝缘层的恢复

导线绝缘层破损后，必须恢复，导线连接后，也须恢复绝缘。通常用黄蜡带、涤纶薄膜带和黑胶带作为恢复绝缘层的材料。

包缠方法如下：

① 从导线完整的绝缘层上开始包缠，包缠 2 条绝缘带宽后方可进入无绝缘层的芯线部分。

② 包缠时，绝缘带与导线保持约 55º 的倾斜角，每圈压叠绝缘带宽的 1/2，如图 1-1-8 所示。

图 1-1-8 绝缘修复

注意事项：

① 用在 380V 线路上的导线绝缘恢复时，必须先包缠 1～2 层黄蜡带，然后再包缠 1 层黑胶带。

② 用在 220V 线路上的导线绝缘恢复时，先包缠 1 层黄蜡带，然后再包缠 1 层黑胶带，也可只包缠 2 层黑胶带。

③ 绝缘带包缠时，不能过疏，更不允许露出芯线，包缠一定要紧密封。

实训要点及要求

1. 实训要点

① 熟悉电气原理，画出元件布置图及接线图；

② 合理安装元件，并根据元件位置安装 PVC 管及配件；

③ 敷设并连接导线；

④ 用绝缘电阻表（兆欧表）测量相线、零线、地线（网板）彼此间绝缘电阻；

⑤ 用万用表检查，确保无短路故障；

⑥ 通电试验时听从老师安排，逐一进行，不要围观，安全第一。

注意： 用螺丝刀旋动螺钉时，扶住螺钉的那只手尽量在螺钉上部不要贴紧底部，以免螺丝刀打滑伤及手部。

2. 实训要求

① 导线的选色要正确，熔断器及开关必须进相线，螺口灯头中点必须接相线；照明供电与插座供电分开布线。

② 接线要牢固，每个接点上最多只能有两个线头，导线连接时必须按螺钉拧紧的方向（顺时针），导线无剥损、无压皮、无露铜，管内无接头。

③ 预埋 PVC 管或使用线槽，确实要走明线时，走线要求横平竖直，转角垂直；接头处用绝缘胶布进行绝缘层恢复。

④ 插座的接线要求：三孔插座，左零右相，中接地，零线必须与三孔插座中零线接线桩可靠地连接，不可借用中性线桩头接零线。两孔插座：水平安装时，左零右相；垂直安装时上零下相。

⑤ 使用及维修要方便，线盒要求能 180° 翻盖。用线节约、选材合理。

3. 材料清单

将选用材料及工具清单填入实训报告表 1-1-1。

4. 项目实施计划

根据项目情况把项目计划时间、完成时间、完成情况填入实训报告表 1-1-2。

检测与调试

1. 自检

① 测各灯具开关是否接相线（俗称火线）：万用表接在熔断器出线端和白炽灯灯座上连通中心簧片的接线柱上，分别按下开关两次，一次为零（开关闭合），一次为无穷大（开关断开）；万用表接在熔断器出线端和荧光灯镇流器入线端，分别按下开关两次，一次为零（开关闭合），一次为无穷大（开关断开）。

② 测插座连线是否正确（即"上地线、左零线、右相线"）。

③ 测镇流器：万用表接在镇流器外侧两端（火线、电子线），有一定电阻值为正常。若阻值为无穷大，则可能是内部接触不良；若电阻值为零，则镇流器短路。

2. 调试（在教师指导下通电）

电路		1—熔断器 2—三孔插座　3—两孔插座 4—双控开关　5—双控开关 6—白炽灯　7—单控开关 8—镇流器　9—荧光灯管 10—启辉器双金属片（U形）

调试	分别按下双控开关 S_1、S_1，两处应均能独立控制白炽灯； 按下单控开关 S_3，应能独立控制荧光灯（观察荧光灯点亮要比白炽灯慢）； 荧光灯亮后取下启辉器，观察荧光灯，仍能正常发光； 取下启辉器后，再按下单控开关 S_3，观察荧光灯不能点亮； 观察各灯具之间应能独立工作； 观察插座带负载的情况

	故障现象	原因分析	排除方法
白炽灯故障	灯泡不亮	灯泡钨丝熔断	调换新灯泡
		熔断器的熔丝熔断	检查熔丝熔断的原因并更换熔丝
		灯座或开关接线松动或接触不良	检查灯座或开关接线并修复
		线路中有其他断路故障	用验电笔检查线路的断路处并修复
	开关合上后熔断器熔丝熔断	灯座内两线头短路	检查灯座内两线头并修复
		线路中发生短路	检查导线绝缘是否老化或损坏并修复
		用电器发生短路	检查用电器并修复
		用电电流超过熔丝容量	减少负载
	灯泡忽亮忽灭	灯座或开关接线松动	检查灯座和开关并修复
		熔断器熔丝接触不良	检查熔断器并修复
	灯泡发强烈白光并瞬时或短时间烧毁	灯泡额定电压低于电源电压	更换与电源电压相符合的灯泡
		灯泡钨丝有搭丝，从而使电阻减小，电流增大	更换新灯泡
	灯光暗淡	灯泡内钨丝挥发后积聚在玻璃壳内，表面透光度降低，同时由于钨丝挥发后变细，电阻增大，电流减小，光通量减小	正常现象，不必修理
		线路电压损耗大	增加线路导线线径
		线路因老化或绝缘损坏有漏电现象	检查线路，更换导线
荧光灯故障	不能发光或发光困难，灯管两端发亮或灯管闪烁	线路电压损耗大	增加线路导线线径
		接线错误或灯座与灯脚接触不良	检查线路和接触点并修复
		灯管衰老	更换新灯管
		镇流器配用不当	调换镇流器
		气温过低	改善工作条件
		启辉器接线断开或触点熔焊，电容器短路	检查线路或更换启辉器

荧光灯故障	灯管两头发黑或生斑	灯管老化	调换新灯管
		电源电压太高	测量电压并适当调整
		镇流器配用不当	更换合适的镇流器
		如果是新灯管，可能因启辉器损坏，使灯丝发光物质加速挥发	更换启辉器
	灯管寿命短	镇流器配合不当或质量差使灯管电压偏高	选用合适的镇流器
		受到剧烈振动，致使灯丝振断	换新灯管，改善安装条件
		电源电压太高	调整电源电压
		开关次数太多或各种原因引起的灯光闪烁	减少开关次数，及时检修闪烁故障
	镇流器有杂声或电磁声	镇流器质量差，铁心松动	调换镇流器
		镇流器过载或其内部短路	检查过载原因，调换镇流器或配用适当灯管
		电压过高	设法调整电压
	镇流器过热	灯架内温度太高	改进接线方式
		电压太高	适当调整电压
		线圈匝间短路	修理或更换
		过载，镇流器与灯管配合不当	检查调换镇流器
		灯光长时间闪烁	检查闪烁原因并修复

考核评价

根据项目完成情况，把评价填入实训报告表 1-1-3。

项目二

电动机"起-保-停"控制电路的安装与调试

工作任务及目标

1. 在 630mm×700mm 的网板上安装如图 1-2-1 所示的电动机"起-保-停"控制电路。

2. 通过此任务的完成达到以下目标：

（1）理解三相异步电动机起动、保持、停车的控制原理；

（2）知道熔断器、接触器、热继电器、按钮等低压电器元件的动作原理；

（3）能将电路图连接成实际电路；

（4）能按工艺要求安装电气控制线路并进行调试。

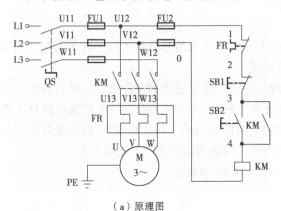

（a）原理图　　　　　　　　　　　　　　　　（b）安装效果图

图 1-2-1　"起-保-停"控制电路

相关知识

1. 本项目所用低压电器简介

QS—组合开关、FU—熔断器、KM—交流接触器、FR—热继电器、SB—按钮，它们的工作原理详见主教材项目五中的任务 2（认识常用低压电器）。

2. 控制线路的安装要点

（1）安装步骤

电动机基本控制线路的安装，一般应按以下步骤进行：

① 识读电路图。明确线路所用电器元件及其作用，熟悉线路的工作原理。

② 根据电路图或元件明细表配齐电器元件，并进行检验。

　　a. 电气元件的技术数据（如型号、规格、额定电压、额定电流等）应完整并符合要求，外观无被损，备件、附件齐全完好。

　　b. 电器元件的电磁机构动作是否灵活，有无衔铁卡阻等不正常现象。用万用表检查电磁线圈的得失电情况以及各触点的分合情况。

　　c. 接触器线圈的额定电压与电源电压是否一致。

　　d. 对电动机的质量进行常规检查。

　　③ 根据电器元件选配安装工具和控制板。

　　④ 根据电路图绘制布置图和接线图，然后按要求在控制板上固定电器元件(电动机除外)，并贴上醒目的文字符号。

　　⑤ 主电路导线的截面根据电动机容量选配。控制电路导线一般采用截面为 $1mm^2$ 的铜芯硬线（BV）；按钮线一般采用截面不小于 $0.75\ mm^2$ 的铜芯软线（BVR）；接地线一般采用截面不小于 $1.5\ mm^2$ 的铜芯线。

　　⑥ 根据接线图布线，同时将剥去绝缘层的两端线头套上标有与电路图相一致编号的编码套管。

　　⑦ 安装电动机。

　　⑧ 连接电动机和所有电器元件金属外壳的保护接地线。

　　⑨ 连接电源、电动机等控制板外部的导线。

　　⑩ 自检：

　　a. 按电路图从电源端开始，逐段核对接线及接线端子处线号是否正确，有无漏接、错接之处。检查导线接点是否符合要求，压接是否牢固。

　　b. 用万用表检查线路的通断情况。检查时，应选择倍率适当的电阻挡，并进行校零，以防短路故障的发生，对控制电路的检查（可断开主电路），将两表棒分别搭在控制电路 0-1 两端，读数应为无穷大，按下起动按钮，读数应为线圈的电阻值（约几百欧）。然后断开控制电路检查主电路有无开路或短路现象，此时可用手按下接触器衔铁来代替通电检查。

　　c. 用绝缘电阻表检查线路的绝缘电阻应不得小于 $0.5M\Omega$。

　　⑪ 交验。

　　⑫ 通电试车：

　　a. 通电试车前，必须征得教师同意，在教师指导下接通三相电源，同时在现场监护。

　　b. 出现故障后，学生应独立进行检修，若需要带电进行检查时，教师必须在现场监护。

　　c. 通电试车完毕，停转，切断电源。先拆除三相电源线，再拆除电动机线。

　　（2）安装工艺要求

　　① 组合开关、熔断器的受电端子应安装在控制板的外侧，并使熔断器的受电端为底座的中心端（即螺旋式熔断器"低进高出"）。

　　② 各元件的安装位置应整齐、匀称，间距合理，便于元件的更换。

　　③ 紧固各元件时要用力均匀，紧固程度适当。在紧固熔断器、接触器等易碎裂元件时，应用手按住元件一边轻轻摇动，一边用旋具轮换旋紧对角线上的螺钉，直到手摇不动后再适当旋紧一些即可。

　　④ 按接线图的走线方向进行板前明线布线和套编码套管。板前明线布线的工艺要求是：

a. 布线通道尽可能少，同路并行导线按主、控电路分类集中，单层密排，紧贴安装面布线。

b. 同一平面的导线应高低一致或前后一致，不能交叉。

c. 布线应横平竖直、均匀分布，变换走向时应垂直。

d. 布线时，严禁损伤线芯和导线绝缘。

e. 布线顺序一般以接触器为中心，由里向外，由低至高，先控制电路、后主电路，以不妨碍后续布线为原则。

f. 在每根剥去绝缘层导线的两端套上编码套管。两个接线端子之间的导线必须连续，中间无接头。

g. 接线时，不得压绝缘层、露铜过长和反圈，接点不得松动。

h. 一个电器元件的接线端上的连接导线不得超过 2 根，每节接线端子板上的连接导线一般只允许连接 1 根。

⑤ 注意事项如下：

a. 热继电器的整定电流应按电动机的额定电流自行调整，绝对不允许弯折双金属片。

b. 在一般情况下，热继电器应置于手动复位的位置上。若需要自动复位时，可将复位调节螺钉沿顺时针方向向里拧紧。

c. 热继电器因电动机过载动作后，若需要再次起动电动机，必须待热元件冷却后，才能使继电器复位。一般自动复位时间不大于 5min，手动复位时间不大于 2min。

实训要点及要求

1. 实训要点

① 能看懂电气原理图，并从电气原理图上了解各电器元件所起的作用，熟悉线路的工作原理；

② 能用给定的低压电器按图安装，各种图、物能对应；

③ 了解各电器元件的安装及工艺要求；

④ 了解交流接触器、按钮、热继电器的动作原理，特别是接触器 KM 常开触点在控制回路中所起的作用。

2. 实训要求

① 导线的选色要正确，线径合理。

② 会根据电动机功率、电路控制要求选择低压电器，电器安装要牢固。

③ 导线安装要牢固，每个接点上最多只能有两个线头，导线连接时必须按螺钉拧紧的方向（顺时针），导线中间部分无剥损，接线端子处无压皮，无露铜，线端根据原理图编码套管。

④ 会检测、维护电动机。

3. 材料清单

将选用材料及工具清单填入实训报告表 1-2-1。

4. 项目实施计划

根据项目情况把项目计划时间、完成时间、完成情况填入实训报告表 1-2-2。

检测与调试

1. 试车前自检

① 用绝缘电阻表测量各相线之间、各相线与零线之间、各相线与金属网板之间绝缘电阻，均大于 0.5MΩ 为绝缘良好。

② 用万用表 R×100 或 R×10 挡分别测量各相熔断器 FU1 出线端（U12、V12、W12）与电动机引出端（端子板上的 U、V、W）之间压下衔铁时电阻。若为零，则表明主电路正常。

③ 按下启动按钮 SB2，测量控制线路 1-0 之间电阻，几百欧时表示控制电路无短路；若为零，则表明短路；若为无穷大，则表明控制电路断路，此时可先检测 FR 常闭触点。

④ 压下接触器衔铁，测量 1-0 之间电阻，几百欧时表明自锁正常。若为零，则表明短路；若为无穷大，则表明无自锁功能，检查 KM 常开触点及相关导线。

⑤ 同时按下起动和停止按钮，测量控制线路 1-0 之间电阻为无穷大，表明能停车。

2. 试车过程

① 合上电源开关 QS，按下启动按钮 SB2，观察接触器常开触点是否闭合，电动机是否运行。

② 松开按钮 SB2，电动机是否能保持运行。

③ 按下停止按钮 SB1，电动机是否能停止运行。

3. 调试（常见问题诊断）

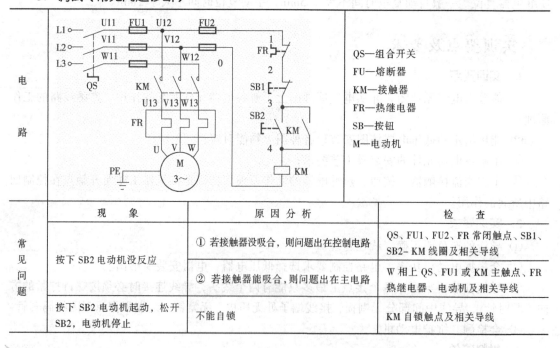

	现 象	原 因 分 析	检 查
常见问题	按下 SB2 电动机没反应	① 若接触器没吸合，则问题出在控制电路	QS、FU1、FU2、FR 常闭触点、SB1、SB2- KM 线圈及相关导线
		② 若接触器能吸合，则问题出在主电路	W 相上 QS、FU1 或 KM 主触点、FR 热继电器、电动机及相关导线
	按下 SB2 电动机起动，松开 SB2，电动机停止	不能自锁	KM 自锁触点及相关导线

考核评价

根据评分标准进行自评、组评或教师评，把评分填入实训报告表 1-2-3。

项目三

电动机正反转控制电路的安装与调试

工作任务及目标

1. 在 630mm×700mm 的网板上安装如图 1-3-1 所示的电动机正反转控制电路。
2. 通过此任务的完成达到以下目标：
（1）熟知三相异步电动机转向变换的控制原理；
（2）知道不同的互锁方式及特点；
（3）会将电路图连接成实际电路；
（4）能按工艺要求安装电气控制线路并进行调试。

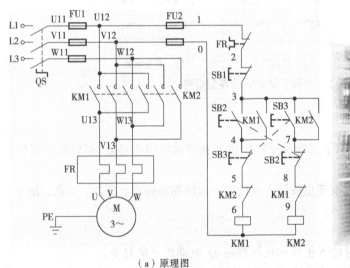

（a）原理图

（b）安装效果图

图 1-3-1　正反转控制电路

相关知识

1. 元器件简介

本项目所用的刀开关、熔断器、接触器、按钮、热继电器等低压电器见主教材项目五中的任务 2。

2. 三相笼形异步电动机转向变换原理及实现

（1）原理

三相笼形异步电动机通过相序的变换来改变电动机的旋转方向。

（2）方法

利用两个接触器 KM1（正转）、KM2（反转），在主电路中将两相换相连接，如图 1-3-1（a）所示。

3. 正反转电路中的互锁及方法

（1）互锁的意义

为了避免接触器 KM1、KM2 同时得电吸合造成三相电源短路，必须在控制电路中采取互锁措施。

（2）常用的互锁方式

电气互锁（即接触器互锁）、机械互锁（即按钮互锁）、双重互锁（接触器及按钮互锁）。图 1-3-2 分别对应不同的互锁方式的控制电路。

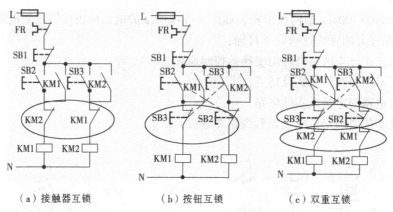

（a）接触器互锁　　（b）按钮互锁　　（c）双重互锁

图 1-3-2　三种互锁方式的控制电路

4. 各种互锁电路的特点

（1）接触器互锁

① 起动前若指示不明确（同时按下正转和反转按钮），则电动机仍能起动，但转向不定（与动作速度有关）；

② 运行中若要改变转向必须先按停止按钮，再按另一方向起动按钮。优点：可靠；缺点：操作不便。

（2）按钮互锁

① 起动前若指示不明确（同时按下正转和反转按钮），电动机不能起动；

② 运行中若要改变转向可以不按停止按钮，直接按另一方向起动按钮（方便）。优点：操作方便；缺点：不够可靠。

（3）双重互锁

运行效果同（2）。优点：即可靠又方便操作；缺点：接线较复杂。

5. 电路控制原理（以图 1-3-2（a）为例）

（1）正转控制

按下 SB2→KM1 线圈得电→
- →KM1 自锁触点闭合→电动机 M 起动连续正转
- →KM1 主触点闭合
- →KM1 互锁触点分断，对 KM2 互锁

（2）反转控制

先按 SB1→KM1 线圈失电→
- →KM1 自锁触点分断，解除自锁→电动机 M 失电停转
- →KM1 主触点分断
- →KM1 互锁触点恢复闭合，解除对 KM2 互锁

再按 SB3→KM2 线圈得电→
- →KM2 自锁触点闭合，自锁→电动机 M 起动连续反转
- →KM2 主触点闭合
- →KM2 互锁触点分断，对 KM1 联锁

停止时，按下 SB1→控制电路失电→KM1（或 KM2）主触点分断→电动机 M 失电停转。

实训要点及要求

1. 实训要点

① 能理解电气原理图，并从电气原理图上了解各电器元件所起的作用，熟悉线路的工作原理；

② 能识别、会检测选用常用低压电器，各种图、物能对应；

③ 了解各电器元件的安装及工艺要求；

④ 明确交流接触器、按钮、热继电器的动作原理，特别是接触器 KM 常闭触点在控制回路中所起的作用。

2. 实训要求

① 导线的选色要正确，线径合理，接线时注意原理图上的图形代号，要与相应电器元件逐一对应。主回路上接线时注意换相。

② 会根据电动机功率、电路控制要求选择低压电器，电器安装要牢固。

③ 导线安装要牢固，每个接点上最多只能有两个线头，导线连接时必须按螺钉拧紧的方向（顺时针），导线中间部分无剥损，接线端子处无压皮，无露铜，线端根据原理图编码套管。

④ 会检测、维护电动机。

⑤ 会根据三相电源情况，选择电动机的连接方式。

3. 材料清单

选用材料及工具清单填入实训报告表 1-3-1。

4. 项目实施计划

根据项目情况把项目计划时间、完成时间、完成情况填入实训报告表 1-3-2。

检测与调试

1. 试车前自检

① 用绝缘电阻表测量各相线之间、各相线与零线之间、各相线与金属网板之间绝缘电阻，均大于 0.5MΩ 为绝缘良好。

② 用万用表 R×100 或 R×10 挡分别测量各相熔断器 FU1 出线端（U12、V12、W12）与电动机引出端（端子板上的 U、V、W）之间电阻，分别压下 KM1、KM2 接触器衔铁，若电阻均为零，表明主电路通畅；若同时按下两接触器衔铁，测量 U-V、V-W、W-U 之间电阻，若只

有一次为零，表明正反转主电路换相正确。

③ 分别按下正转按钮 SB2 和反转按钮 SB3，测量控制线路 1-0 之间电阻，若约为几百欧，表明控制电路无短路；若为零，则表明有短路；若为无穷大，则表明控制电路断路，此时应先检测 FR 常闭触点是否正常，再检查互锁触点 KM2（KM1）。

④ 分别压下接触器 KM1、KM2 衔铁，测量控制线路 1-0 之间电阻，若约为几百欧，表明各自锁正常；若为零，则表明短路；若为无穷大，则表明无自锁功能。

⑤ 同时按下按钮 SB1、SB3，测量控制线路 1-0 之间电阻，若为无穷大，表明能停车。

2. 试车过程

① 按正向起动按钮 SB2，观察并记录电动机的转向和接触器的运行情况。

② 按反向起动按钮 SB3，观察并记录电动机和接触器的运行情况。

③ 按停止按钮 SB1，观察并记录电动机的转向和接触器的运行情况。

④ 再按 SB3，观察并记录电动机的转向和接触器的运行情况。

3. 调试（常见问题诊断）

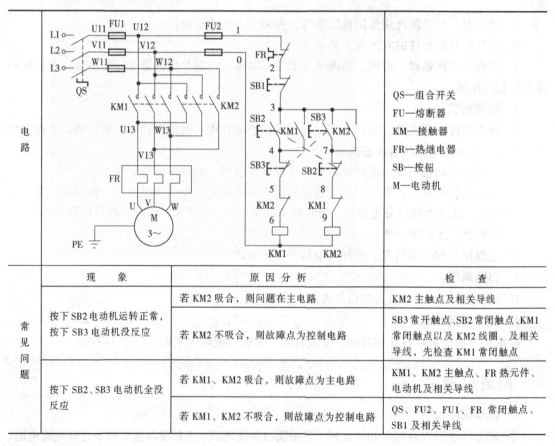

	现　象	原　因　分　析	检　查
常见问题	按下 SB2 电动机运转正常，按下 SB3 电动机没反应	若 KM2 吸合，则问题在主电路	KM2 主触点及相关导线
		若 KM2 不吸合，则故障点为控制电路	SB3 常开触点、SB2 常闭触点、KM1 常闭触点以及 KM2 线圈、及相关导线，先检查 KM1 常闭触点
	按下 SB2、SB3 电动机全没反应	若 KM1、KM2 吸合，则故障点为主电路	KM1、KM2 主触点、FR 热元件、电动机及相关导线
		若 KM1、KM2 不吸合，则故障点为控制电路	QS、FU2、FU1、FR 常闭触点、SB1 及相关导线

考核评价

根据项目评分标准进行自评、组评或师评，评分记入实训报告表 1-3-3。

项目四

星形-三角形降压起动电路的安装与调试

工作任务及目标

1. 在 630mm×700mm 的网板上安装如图 1-4-1 所示的 Y-△ 降压起动控制电路。

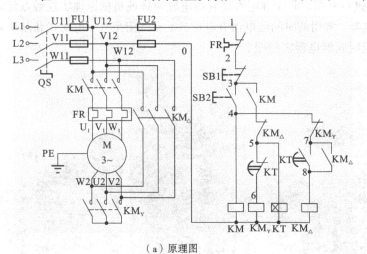

（a）原理图

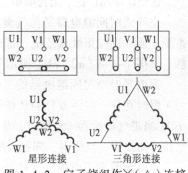

（b）安装效果图

图 1-4-1 Y-△ 降压起动控制

2. 通过此任务的完成达到以下目标：

（1）理解三相异步电动机 Y-△ 降压起动原理和控制方法；

（2）知道时间继电器的工作原理及使用方法；

（3）会将电路图连接成实际电路；

（4）能按工艺要求安装电气控制线路并进行调试。

相关知识

1. Y-△ 降压起动适用对象和控制方法

Y-△ 降压起动法，即将电动机接为 Y 起动，起动结束后改接为 △ 运行。图 1-4-2 所示为定子绕组作 Y（△）连接示意图。

（1）适用对象

三相笼形异步电动机运行为 △ 接线方式且全压起动时适用于起动电流较大的场合。起动电流计算机式为：

图 1-4-2 定子绕组作 Y（△）连接的示意图

$$I_{st} > \left(\frac{3}{4} + \frac{S}{4P_N} \right) I_N$$

式中：I_{st}——起动电流；

$\qquad$ I_N——额定电流；

$\qquad$ S——电源容量；

$\qquad$ P——电动机额定功率。

（2）控制方法

有手动控制和定时控制两种。手动控制原理见本书第二部分题目二。定时控制原理是先低压起动，再利用时间继电器定时到所需时间后自动转换为全压运行。

2. 元件简介

本项目所用的刀开关、熔断器、接触器、按钮、热继电器等低压电器见主教材项目五中的任务2。这里仅对时间继电器进行介绍。时间继电器是利用电磁原理或机械原理实现触点延时闭合或延时断开的自动控制电器。常用的时间继电器有电磁式、空气阻尼式、电动式和晶体管式四类。图1-4-3所示为一组时间继电器实物图。

图1-4-3 一组时间继电器实物图

电磁式的结构简单，体积大，延时时间短，0.35～5.5s；电动式精确度高，延时时间较长，几秒到几十小时。空气式的结构简单，延时范围较长，0.45～180s，精度不高。电子式可靠性强、精度高、寿命长、体积小。

（1）工作原理

这里以应用广泛、结构简单、价格低廉且延时范围大的空气阻尼式时间继电器为主进行介绍。

空气式时间继电器又称气囊式时间继电器，是利用空气阻尼式的原理获得延时。它由电磁系统、延时机构和触点系统三部分组成，其中触点系统除有延时动作以外，还自带瞬时动作的触点。图1-4-4（a）、（b）所示分别为通电延时型和断电延时型时间继电器结构示意图。

通电延时型时间继电器的工作原理：当线圈得电后，动铁心动作，两对瞬动触点（微动开关）瞬时动作；但活塞杆的动作则与进气孔进气的快慢有关（通过调节螺钉可调节进气孔的大小），当进气量达到一定值时，活塞杆到位，从而使常开触点延时闭合，常闭触点延时打开。由结构可知线圈一旦失电，则触点瞬时复位。

断电延时型继电器的工作原理请读者自己分析。

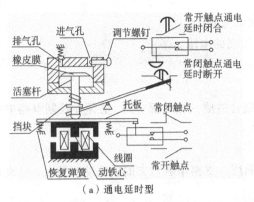
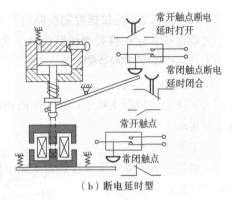

（a）通电延时型 （b）断电延时型

图1-4-4 空气式时间继电器结构

（2）电子式时间继电器（以JSZ3系列为例）

该时间继电器属通电延时型，由插头和底座两部分组成，底座有8个接线端，自槽口逆时针绕向分别编号为1～8，插头中的内部元件与底座接线端的关系示意图如图1-4-5所示。

（a）插头 （b）插座 （c）内部元件对应的插脚

图1-4-5 JSZ3系列电子式时间继电器

（3）电气符号

时间继电器电气符号如图1-4-6所示。通电延时型的触点动作特点是：线圈得电时触点延时动作；线圈失电时，触点瞬时复位。断电延时型的触点动作特点是：线圈得电时触点瞬时动作；线圈失电时，触点延时动作。瞬时动作的常开触点和常闭触点电气符号与普通触点相同，不再另画。符号中的半圆开口方向为触点延时动作的指向（好比打开降落伞，增大阻力而延缓降落时间）。

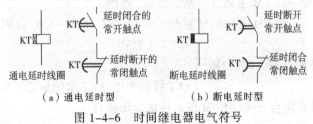

（a）通电延时型 （b）断电延时型

图1-4-6 时间继电器电气符号

（4）选用

① 类型：凡是对延时精度要求不高的场合，可选用价格较低的空气阻尼式时间继电器；对精度要求较高的场合，可选用晶体管式时间继电器。

② 延时方式：应根据控制线路的要求选择延时方式。

线圈电压：应根据控制线路的电压选择吸引线圈的电压。

3. Y-△电路中的互锁

（1）互锁的意义

为了避免接触器 KM$_Y$、KM$_\triangle$ 两线圈同时得电吸合造成三相电源短路，必须在控制电路中采取互锁措施。

（2）互锁方式

接触器互锁。即在交流接触器 KM$_Y$、KM$_\triangle$ 线圈所在支路串联对方的辅助动断触点，形成相互制约的控制。

4. Y-△电路工作原理

对图 1-4-1（a）编号 1-2-3-4-0［即 FR-SB1-SB2（含 KM 自锁触点）-KM 线圈］，为"起-保-停"控制线路，保证 KM 线圈在起动和运行中始终得电。

电路中的 4-5（KM$_\triangle$ 的常闭触点）和 4-7（KM$_Y$ 的常闭触点），为彼此线圈提供互锁，即避免两线圈同时得电而导致电源短路。

当按下起动按钮时，KM$_Y$、KT 两线圈同时得电，一方面电动机按Y连接起动，另一方面时间继电器通电延时一定时间后其常闭触点（5-6）先断，常开触点（7-8）后合，完成 Y→△ 的转换。

5. Y-△自动降压控制电路之二（选做）

（1）电路图

图 1-4-7 所示为另一种用通电延时型时间继电器实现的控制电路。

（2）工作原理

启动时，按下 SB2 按钮→①

①→
- KM$_Y$线圈得电→
  - →KM$_Y$常闭触点（5-8）先分断对 KM$_\triangle$联锁
  - →KM$_Y$常开触点（5-7）后闭合→KM1 线圈得电→②
  - →KM$_Y$主触点闭合→电动机 M 按Y接法降压起动
- ②→
  - →KM1 主触点闭合→
  - →KM1 自锁触点（3-7）闭合自锁→
- KT 线圈得电→经 KT 延时→KT 常闭触点（5-6）分断→③

③→KM$_Y$线圈失电→
- →KM$_Y$常开触点（5-7）分断
- →KM$_Y$主触点分断，解除Y连接
- →KM$_Y$常闭联锁触点（5-8）恢复闭合→KM$_\triangle$线圈得电→④

④→
- →KM$_\triangle$联锁触点（4-5）分断→
  - →对 KM$_Y$联锁
  - →KT 线圈失电→KT 常闭触点（5-6）瞬时闭合
- →KM$_\triangle$主触点闭合→电动机 M 按△接法全压运行

停止时按下 SB1 即可。

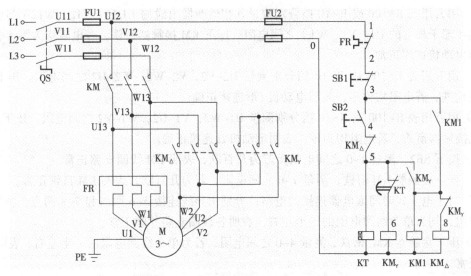

图 1-4-7　Y-△自动降压控制电路之二

实训要点及要求

1. 实训要点

① 接线时要注意电动机三角形接法不能接错，应将电动机定子绕组的 U1、V1、W1 通过 KM△接触器分别与 W2、U2、V2 连接，否则、会使电动机在三角形接法时无法工作。

② KM△的进线必须从电动机三相绕组的末端引入，否则会引起三相电源短路事故。

③ 按图 1-4-1（a）接线时，注意控制电路 5、6、7、8 点的相互独立性，在用电子式时间继电器底座接线时，注意不得选用有公共编号的一对触点（见图 1-4-5）。

2. 实训要求

① 认清时间继电器电磁线圈和延时动合、动断触点的接线端子。若为空气式时间继电器，则用手推动时间继电器衔铁模拟继电器通电吸合动作，用万用电表欧姆挡测量触点的通与断，以此来大致判定触点延时动作的时间。通过调节进气孔螺钉，即可整定所需的延时时间；

② 根据原理图画布置图；

③ 根据布置图安装主、控电路；

④ 工艺要求与项目二相同。

3. 材料清单

选用材料及工具清单填入实训报告表 1-4-1。

4. 项目实施计划

根据项目情况把项目计划时间、完成时间、完成情况填入实训报告表 1-4-2。

检测与调试

1. 试车前自检

① 用绝缘电阻表测量各相线之间、各相线与零线之间、各相线与金属网板之间绝缘电阻，均大于 0.5MΩ 为绝缘良好；

② 用万用表 R×100 或 R×10 挡分别测量各相熔断器出线端（U12、V12、W12）与电动机进线端（端子板上的 U1、V1、W1）之间电阻，压下 KM 接触器衔铁，若电阻均为零，表明主电路至电动机连线正常。

③ 用万用表 R×100 或 R×10 挡分别测量 U2-V2，V2-W2，W2-U2 之间电阻，压下 KMY 接触器衔铁，若电阻均为零，表明电动机Y形连接正确。

④ 用万用表 R×100 或 R×10 挡分别测量 U1-W2，V1-U2，W1-V2 之间电阻，压下 KM1、KM△线接触器衔铁，若电阻均为零，表明电动机△连接正确。

⑤ 按下 SB2，测量 1-0 之间电阻，若为几百欧，表明 KM 线圈支路正常。

⑥ 按下接触器 KM 衔铁，测量 1-0 之间电阻，若为几百欧，表明 KM 自锁正常。

⑦ 对于电子式时间继电器连接的电路，分别用导线连接 5-6 两点和 7-8 两点，测量 4-0 之间电阻，均为单个线圈电阻的一半左右，表明各线圈支路并联正常。

⑧ 压下接触器 KM△衔铁，测量 4-0 之间电阻，若为单个线圈电阻的一半左右，表明 KM△ 自锁正常。

2. 试车过程

① 按下起动按钮 SB2，瞬时观察到 KT、KMY、KM 得电。

② 延时时间到，观察到 KMY 失电，KM△得电，KT 失电，电动机按△连接运转。

③ 按下停止按钮，观察到 KM、KM△失电，电动机停止运转。

3. 调试（常见问题诊断）

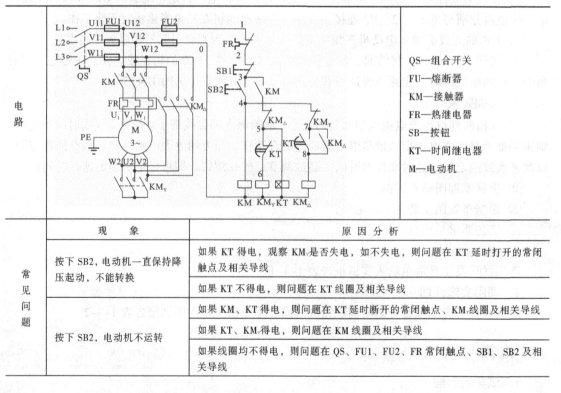

QS—组合开关
FU—熔断器
KM—接触器
FR—热继电器
SB—按钮
KT—时间继电器
M—电动机

	现　象	原　因　分　析
常见问题	按下 SB2，电动机一直保持降压起动，不能转换	如果 KT 得电，观察 KM 是否失电，如不失电，则问题在 KT 延时打开的常闭触点及相关导线
		如果 KT 不得电，则问题在 KT 线圈及相关导线
	按下 SB2，电动机不运转	如果 KM、KT 得电，则问题在 KT 延时断开的常闭触点、KM 线圈及相关导线
		如果 KT、KM 得电，则问题在 KM 线圈及相关导线
		如果线圈均不得电，则问题在 QS、FU1、FU2、FR 常闭触点、SB1、SB2 及相关导线

	按下 SB2，电动机不运转	如果 KT、KM、KM 线圈均得电，则问题在主电路：KM 主触点、KM$_Y$主触点、FR 热继电器、电动机及相关导线，W 相主电路
常见问题	按下 SB2 电机不能起动，延时后转换成正常运转	如果 KT、KM$_Y$、KM 线圈均得电，问题在 KM$_Y$触点及相关导线
		如果 KM 线圈不得电，问题在 KM 线圈、KT 延时断开触点及相关导线
	按下 SB2 电动机降压起动，延时后转换失败	如果转换后 KM、KM$_\triangle$得电，则问题在主电路：KM$_\triangle$主触点及相关导线
		如果转换后只有 KM 得电，则问题在 KM$_Y$常闭触点、KT 延时闭合常开触点、KM$_\triangle$线圈及相关导线

考核评价

根据项目评分标准进行自评、组评或师评，评分记入实训报告表 1-4-3。

项目五

电动机的拆装与绕组判别

工作任务及目标

1. 本项目学习拆装异步电动机与判别绕组。
2. 通过此任务的完成达到以下目标：
（1）认识笼形异步电动机的构造；
（2）会选用工具正确地拆装；
（3）会判断异步电动机各相绕组及首尾端；
（4）知道型号意义及绕组的正确连接。
本项目使用工具如图 1-5-1 所示。

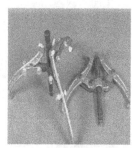
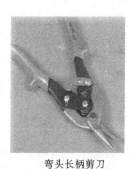

拉具   弯头长柄剪刀

钢套   毛刷   锤子   螺钉旋具（螺丝刀）   活络扳手

图 1-5-1 拆装电动机所用的工具

相关知识

1. 电动机的拆卸

（1）拆卸过程中的注意事项

① 做好拆卸前检查和记录工作。熟悉被拆电动机类型及结构特点，并标记好线头相序、端盖、轴承盖等处记号，以便修复后装配；

② 拆装电动机时应小心搬动和敲击，以免伤及手脚；

③ 拆卸与装配时，不能用手锤直接敲击零部件，必须垫铜块或木块；

④ 抽出转子和安装转子时，动作不要过急，防止碰坏定子绕组；

⑤ 通电试验时一定要在老师在场的情况下才能进行。

（2）电动机拆装步骤

电动机拆装步骤如图 1-5-2 所示。

（a）断电后拆去电源线　　　　（b）用绝缘布包好线头　　　　（c）卸下传送带

（d）做好相应标记　　　　（e）拆卸风罩　　　　（f）拆卸风扇

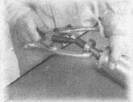

（g）拆卸端盖　　　　（h）抽出转子　　　　（i）用拉具取出轴承　　　　（j）或借用钢套轻轻敲打

图 1-5-2　拆卸步骤

（3）电动机拆卸方法

① 联轴器或带轮的拆卸　先旋松取下带轮或联轴器上的定位螺钉或销子，然后在带轮轴伸端做好尺寸标记。装拉具时尖端要对准电动机轴的中心，转动螺纹（丝扣）将带轮或联轴器慢慢拉出。如拉不出来，可用喷灯等急火在带轮或联轴器四周加热，使其受热膨胀，加力旋转拉具螺纹，即可将带轮或联轴器卸下。注意加热温度不宜太高，以免转轴变形。

② 风罩和风扇叶的拆卸　将风罩螺钉卸下，即可取下风罩。然后松开风叶上的定位螺钉或销子，用手锤在风叶四周均匀轻敲，风叶即可取下。

③ 轴承盖和端盖的拆卸　先用活络扳手将固定轴承盖的螺钉旋下，拆下轴承外盖。为了预防装配时前后轴承盖对调，拆卸前应做好记号。

为了便于装配时复位，端盖拆卸前先用螺丝刀等工具在端盖与机座的结合部位任一位置划上对正标记号。然后用活络扳手拧下固定端盖的螺钉，用手锤均匀敲打端盖四周，把端盖取下。也可以取一把大小适宜的螺丝刀，插入端盖的螺钉根部，将端盖按对角线一先一后地向外撬动，直到端盖卸下为止。后端盖的拆卸与前端盖拆卸方法相同。

对于小型电动机，可先把轴伸端的轴承外盖卸下，再松开后端盖的紧固螺钉；然后用木锤敲打轴伸端，就可以把转子和后端盖一起取下。

④ 轴承的拆卸 应根据轴承的大小，选用适当的拉具，拉具的拉爪应抓扣在轴承的内圈上。操作时旋转丝扣用力要均匀，且动作要慢。

小型电动机适合用人力拆卸轴承。在轴承内圈下面用两根相同的方钢夹住，两头搁在支撑物上，转子放在一只内径略大于转子外径的圆桶上面，桶下面垫些塑料泡沫，以防转子掉下摔坏。在轴的端面上垫上木块，用手锤敲打，着力点对准轴的中心。当轴承松动时，敲打的力要小些。

较大的电动机拆卸电动机端盖内的轴承，可把端盖止口面向上，平稳地搁在两块铁板上，或一个孔径略大于轴承外径的铁板上，上面用一段直径略小于轴承外圈的金属钢套对准轴承，用手锤轻轻敲打金属棒，将轴承敲出。

⑤ 转子的拆卸 小型电动机的转子可以连同后端盖一起取出，抽出转子时，应缓慢小心，且不能歪斜，以防止碰伤定子绕组。

对于大中型电动机，转子较重，要用起重设备将转子吊出。用钢丝绳套住转子两端轴颈，为防止轴颈损伤，在钢丝绳和轴颈间垫一层纸板或棉纱头等防护层。当转子重心已经移出定子时，在定子与转子间隙塞入纸板垫衬，并在转子移出的轴端垫以支架或木块，框住转子，然后把钢丝绳改吊住转子直到转子全部吊出定子。

2. 电动机的安装

（1）安装前的清洁维护

① 清洗轴承和端盖。清洗轴承时，应先刮去轴承和轴承端盖上的废油，用煤油洗净残存油污，然后用清洁布擦拭干净。注意不能用棉纱擦拭轴承。轴承洗净擦拭后，加油或润滑脂。

② 清除定子、转子、端盖、风叶、风叶罩油垢。

（2）安装步骤

电动机安装步骤与拆卸步骤相反。在装配时，各配合处要清理除锈和按部件标记复位。

（3）安装后调试

安装后进行调试的内容如图 1-5-3 所示。

（a）调节端盖紧固螺钉松紧度使转子灵活　　（b）用绝缘电阻表检测绝缘电阻

（c）根据电动机铭牌与电源电压正确接线　　（d）用钳形电流表测三相电流是否平衡

图 1-5-3　安装后调试

① 检测转子转动是否轻便灵活（调整端盖紧固螺钉的松紧度）；

② 检测绝缘电阻，用绝缘电阻表测定子绕组相与相之间，各相与机壳之间的绝缘电阻，小修后的一般不低于 0.5MΩ，大修更换绕组后的绝缘电阻一般不应低于 5 MΩ；

③ 根据电动机的铭牌与电源电压正确接线，并在电动机外壳上安装好接地线；

④ 测量空载电流，在电动机定子绕组上加三相平衡的额定电压，且电动机不带负载，用钳形电流表测任意一相空载电流与三相电流平均值的偏差应小于 10%，三相空载电流和额定电流的百分比参照表 1-5-1。试验时间为 1h。试验时可检查定子铁心是否过热或温升不均匀，轴承温度是否正常，倾听电动机起动和运行有无异常响声。

⑤ 对于大修后的电动机，还应进行绕组对机壳及绕组相间的绝缘强度（即耐压）试验。对额定功率≥1kW、且额定电压为 380V 的电动机，其试验电压为交流 50Hz，有效值为 1760V；对额定功率<1kW、且额定电压为 380V 的电动机，其试验电压为交流 50Hz，有效值为 1260V。

表 1-5-1　三相空载电流与额定电流的百分比

极　　　数 功率/kW	<0.5	<2.2	<10	<55	<125
2	50～70	40～55	30～45	23～25	18～30
4	65～85	45～60	35～55	25～40	20～30
6	70～90	50～65	35～65	30～45	22～33
8	75～90	50～70	37～70	35～50	25～35

3. 区分定子绕组及首末端

（1）区分相绕组

当电动机定子绕组标记遗失时，可用万用表进行区分。

将万用表转换开关置于 R×10 挡，测任意两个引出端电阻，如果有读数则为同一相绕组，选出该相绕组后打结，再对余下的出线端进行测量，逐一判断，如图 1-5-4 所示。

（2）用万用表判断定子绕组的首、末端

当电动机定子绕组首、末端标记遗失时，可用以下两种方法进行判断。

① 方法一（电池法）：

先假设各相绕组的首、末端为 U1-U2，V1-V2，W1-W2，做好标记，再将万用表置于 mA 挡最小量程或 μA 挡最大量程。

任意假定某一相绕组的首、末端，以此为标准判断其他两相绕组的首、末端。例如，将 U 相绕组假定的首端 U1 接电池正极，末端 U2 接负极（用手将导线与电池触碰），另一相绕组例如 V 相，与万用表相连，当开关闭合瞬间，若表针正偏，则与红表笔相连的为末端，与黑表笔相连的为首端，如图 1-5-5 所示。再用同样的方法判断出另一相绕组的首、末端。

② 方法二（剩磁法）

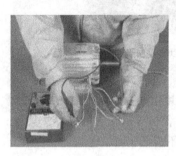 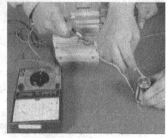 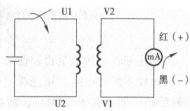

图 1-5-4　用万用表区分三相绕组　　　　图 1-5-5　用电池和万用表判断
　　　　　　　　　　　　　　　　　　　　　　两绕组同首端的示意图

先用万用表区分出各相绕组，并假设首、末端为 U1-U2，V1-V2，W1-W2，做好标记，将万用表置于 mA 挡最小量程或 μA 挡最大量程。

再将三相绕组假设的首与首、尾与尾连接在一起，并接到万用表的两表笔间；用手旋转转子，若万用表指针不动，则假定的首端或尾端正确，如图 1-5-6 所示。

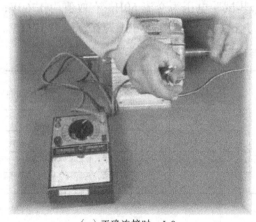 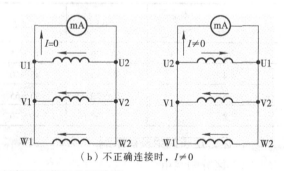

（a）正确连接时，$I=0$　　　　　　　　（b）不正确连接时，$I\neq0$

图 1-5-6　用剩磁法判断三相绕组的同首端

若指针偏动，则把其中假设的一组或两相绕组首尾互换，直到表针不动为止。

4. 电动机的接线方式

电动机的接线方式有两种，首尾相连为三角形连接，若尾部相连则为星形连接，具体如何连接，在电动机的铭牌上有明确标注。

5. 三相异步电动机铭牌数据

（1）型号

用以表明电动机的系列、几何尺寸和极数。

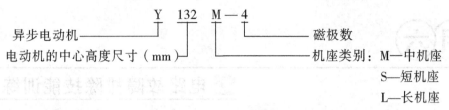

异步电动机————

电动机的中心高度尺寸（mm）————

磁极数

机座类别：M—中机座
S—短机座
L—长机座

（2）异步电动机产品名称代号如表 1-5-2 所示。

表 1-5-2　异步电动机产品名称代号

产　品　名　称	新　代　号	汉　字　意　义	老　代　号
异步电动机	Y	异	J、JO
绕线式异步电动机	YR	异绕	JR、JRO
防爆型异步电动机	YB	异爆	JB、JBO
高起动转矩异步电动机	YQ	异起	JO、JOO

实训要点及要求

1. 实训要点

① 电动机拆卸端盖前应做好记号，以便装配。

② 电动机拆装过程不能用手锤直接敲打电动机部件。

③ 电动机装配好后，应先检测机械部分，转动灵活，再进行电气检测。

④ 电气检测顺序为绝缘检测、耐压检测、空载检测、负载检测。

2. 实训要求

① 会测试电动机的绕组、外壳绝缘故障，测试电动机绕组首尾端。

② 会按规范拆装电动机。

③ 会对拆装完成后的电动机进行机械、电气检测。

3. 材料清单

选用材料及工具清单填入实训报告表 1-5-3。

4. 项目实施计划

根据项目情况把项目计划时间、完成时间、完成情况填入实训报告表 1-5-4。

考核评价

根据项目评分标准进行自评、组评或师评，评分记入实训报告表 1-5-5。

项目六

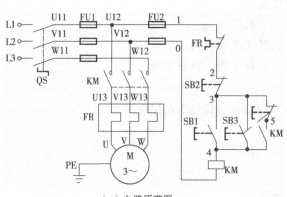 电路故障排除技能训练

工作任务及目标

1. 本项目学习对连续与点动混合正转控制线路的模拟故障的设置与排除（见图 1-6-1）。

2. 通过此任务的完成达到以下目标：

（1）能分析电路的正常工作情况；

（2）知道电气设备保养、排故、维修方法；

（3）能正确表述故障现象并初步判断故障范围；

（4）会用万用表判断故障点。

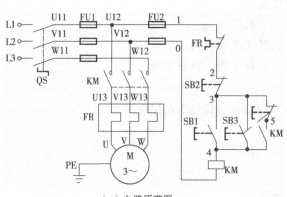

（a）电路原理图

（b）用万用表检测

图 1-6-1　连续与点动混合正转控制线路的检修

相关知识

1. 电路工作原理

（1）连续运转控制

按下 SB1→KM 线圈得电→┌→KM 自锁触点闭合→电动机 M 起动连续正转

　　　　　　　　　　　└→KM 主触点闭合

停止时，按下 SB2→KM 线圈失电→KM 主触点分断→电动机 M 停转。

（2）点动控制

```
                          ┌→ 其常闭触点先断 ──────────────────────────────────┐
按下 SB3 →                                                                    │
                          └→ 其常开触点后合 → KM 线圈得电 ──┬→ KM 常开辅助触点闭合 → 自锁无效
                                                            └→ KM 主触点闭合 → 电动机 M 点动
```

2. 电气设备保养、排故、维修方法

1）电气设备的日常维护和保养

电气设备在运行过程中出现的故障，有些可能是由于操作使用不当、安装不合理或维修不正确等人为因素造成的，称为人为故障。而有些故障则可能是由于电气设备在运行时过载、机械振动、电弧的烧损、长期动作的自然磨损、周围环境温度和湿度的影响、金属屑和油污等有害介质的侵蚀以及电器元件的自身质量问题或寿命等原因而产生的，称为自然故障。显然，如果加强对电气设备的日常检查、维护和保养，及时发现一些非正常因素，并给予及时的修复或更换处理，就可以将故障消灭在萌芽状态，防患于未然，使电气设备少出甚至不出故障，以保证生产机械的正常运行。

电气设备的日常维护和保养包括电动机和控制设备两部分。

（1）电动机的日常维护保养

① 电动机应保持表面清洁，进出风口保持畅通无阻，不允许水滴、油污或金属屑等任何异物掉入电动机的内部。

② 经常检查运行中的电动机负载电流是否正常，用钳形电流表查看三相电流是否平衡，三相电流中的任何一相与其三相平均值相比不允许超过 10%。

③ 对工作在正常环境条件下的电动机，应定期用绝缘电阻表检查其绝缘电阻；对工作在潮湿、多尘及含有腐蚀性气体等环境条件下的电动机，应该经常检查其绝缘电阻，三相 380V 电动机及各种低压电动机，其绝缘电阻至少为 0.5MΩ 方可使用，若发现绝缘电阻达不到规定要求时，应采取相应措施处理后，使其符合规定要求，方可继续使用。

④ 经常检查电动机的接地装置，使之保持牢固可靠。

⑤ 经常检查电源电压是否与铭牌相符，三相电源电压是否对称。

⑥ 经常检查电动机的温升是否正常。

⑦ 经常检查电动机的振动、噪声是否正常，有无异常气味、冒烟、起动困难等现象，一旦发现，应立即停车检查。

⑧ 经常检查电动机轴承是否过热、润滑脂不足或磨损等现象，轴承的振动和轴向位移不得超过规定值。轴承应定期清洗检查，定期（一般一年左右）补充或更换轴承润滑脂。

⑨ 对绕线式转子异步电动机，应检查电刷与滑环之间的接触压力、磨损及火花情况。当发现有不正常的火花时，需进一步检查电刷或清理滑环表面，并校正电刷弹簧压力。一般电刷与滑环的接触面的面积不应小于全面积的 75%；电刷压强应为 15~25kPa；刷握和滑环间应有 2~4mm 间距；电刷与刷握内壁应保持 0.1~0.2mm 的游隙；对磨损严重者需要更换。

⑩ 对直流电动机应检查换向器表面是否光滑圆整，有无机械损伤或火花灼伤。若粘有碳粉、油污等杂物，要用干净柔软的白布蘸酒精擦去。换向器在负荷下长期运行后，其表面会产生一层均匀的深褐色的氧化膜，这层氧化膜具有保护换向器的功效，切忌用砂布磨去。但当换向器表面出现明显有灼痕或因火花烧损出现凹凸不平的现象时，则需要对其表面用零号砂布进行细心的研磨或用车床重新车光，而后再将换向器片间的云母下刻 1~1.5mm 深，并将表面的

毛刺、杂物清理干净后，方能重新装配使用。

⑪ 检查机械传动装置是否正常，联轴器、带轮或传动齿轮是否跳动。

⑫ 检查电动机的引出线是否绝缘良好、连接可靠。

（2）控制设备的日常维护保养

① 电气柜的门、盖、锁及门框周边的耐油密封垫均应良好。门、盖应关闭严密，柜内应保持清洁，不得有水滴、油污或金属屑等进入电气柜内，以免损坏电器造成事故。

② 操纵台上的所有操纵按钮、主令开关的手柄、信号灯及仪表护罩都应保持清洁完好。

③ 检查接触器、继电器等电器的触点系统吸合是否良好，有无噪声、卡住或迟滞现象，触点接触面有无烧蚀、毛刺或凹坑；电磁线圈是否过热；各种弹簧弹力是否适当；灭弧装置是否完好无损等。

④ 检查位置开关是否起位置保护作用。

⑤ 检查各电器的操作机构是否灵活可靠，有关整定值是否符合要求。

⑥ 检查各线路接头与端子板的连接是否牢靠，各部件之间的连接导线、电缆或保护导线的软管不得被冷却液、油污等腐蚀，管接头处不得产生脱落或散头等现象。

⑦ 检查电气柜及导线通道的散热情况是否良好。

⑧ 检查各类指示信号装置和照明装置是否完好。

⑨ 检查电气设备和生产机械上所有裸露导体是否接到保护接地专用端子上，是否达到了保护电路连续性的要求。

（3）电气设备的保养周期

对设置在电气柜内的电器元件，一般不经常进行开门监护，主要是靠定期的维护保养。其维护保养的周期一般可采用配合工业生产机械的一、二级保养，同时进行其电气设备的维护保养工作。表 1-6-1 列出电气设备保养的周期及内容。

表 1-6-1　电气设备配合工业生产机械的一、二级保养周期及内容

级别	一 级 保 养	二 级 保 养
周期	一 季 度 左 右	一 年 左 右
保养内容	1. 清扫电气柜内的积灰异物 2. 修复或更换即将损坏的电器元件 3. 整理内部接线，特别是曾经应急修理处 4. 紧固熔断器的可动部分 5. 紧固接线端子和电器元件上的压线螺钉，以减小接触电阻 6. 对电动机进行小修或中修检查 7. 通电试车，使电器元件的动作程序正确可靠	在一级保养的基础之上，另进行下列检查： 1. 着重检查动作频繁且电流较大的接触器、继电器触点（铜质触点表面烧毛后可用锉修平，银或银合金的触点不需要随意清除，但触点严重磨损至原厚度的 1/2 及以下时应更换新触点） 2. 检修有明显噪声的接触器和继电器，找出原因并修复，如不能修复则应更换新件 3. 校验热继电器，看其是否能正常动作。校验结果应符合热继电器的动作特性 4. 校验时间继电器，看其延时时间是否符合要求，如果误差超过允许值，应调整或修理，使之重新达到要求

2）电气设备故障排除的一般方法

尽管对电气设备采取了日常维护保养工作，降低了电气事故的发生率，但绝不可能杜绝电气故障的发生。机床在运行过程中，如果发生故障，应立即切断电源，停车进行检修。

（1）检修前的故障调查

通过问、看、听、摸来了解故障前后的操作情况和故障发生后出现的异常现象。

① 问：询问操作者故障发生前后电路和设备的运行状况及故障的症状，如故障是经常发生还是偶尔发生、是否有响声、冒烟、火花、气味、异常振动等现象；故障发生前有无切削力过大和频繁起动、停止、制动等情况；有无经过保养检修或改动线路等；以及易出故障的部位等。

② 看：察看有无明显的外观征兆，如各种信号；热继电器等保护类电器是否已动作；熔断器的熔丝是否熔断；各个触点和接线处是否松动或脱落，触点烧蚀或熔焊。

③ 听：若机床还能开动，则注意听电动机、接触器和继电器等电器的声音是否正常。

④ 摸：在刚切断电源后，尽快触摸检查电动机、变压器、电磁线圈及熔断器等，是否有过热变色烧毁现象。

（2）用逻辑分析法确定并缩小故障范围

对复杂的线路而言，采取逐个检查的方法，不仅需耗费大量的时间，而且容易漏查。因此常采用逻辑分析法，即根据电气控制线路的工作原理、控制环节的动作程序以及它们之间的联系，结合故障现象作具体的分析，划出可疑范围，提高维修的针对性，达到准而快的效果。

分析电路时，通常先从主电路入手，了解生产机械各运动部件和机构采用了几台电动机拖动，与每台电动机相关的电器元件有哪些，采用了何种控制，然后根据电动机主电路所用电器元件的文字符号、图区号及控制要求，找到相应的控制电路。在此基础上，结合故障现象和线路工作原理，进行认真分析排查，即可迅速判定故障发生的可能范围。

当故障的可疑范围较大时，不必按部就班地逐级进行检查，这时可在故障范围的中间环节进行检查，来判断故障究竟是发生在哪一部分，从而缩小故障范围，提高检修速度。

① 对故障范围进行外观检查。在确定了故障范围后，可对故障范围内的电器及连接导线进行外观检查，例如熔断器的熔体熔断；导线接头松动或脱落；接触器和继电器的触点脱落或接触不良，线圈烧坏使表层绝缘纸烧焦，烧化的绝缘清漆流出；弹簧脱落或断裂；电气开关的动作机构受阻失灵等，都能明显地表明故障点所在。

② 用试验法进一步缩小故障范围。经外观检查未发现故障点时，可在不扩大故障范围，不损坏电气设备和机械设备的前提下，对线路进行通电试验，或除去负载（从控制箱接线端子板上卸下）通电试验。以分清故障可能是在电气部分还是在机械等其他部分；是在电动机上还是在控制设备上；是在主电路上还是在控制电路上。

通电检查的一般顺序为：先查控制电路，后查主电路；先查交流电路，后查直流电路；先查主令电器开关电路，后查继电器接触器控制电路。

通电检查的一般方法是：先操作某一局部功能的按钮或开关，观察与其相关的接触器、继电器等是否正常动作，若动作顺序与控制线路的工作原理不相符，即说明与此相关的电器中存在着故障。

通电检查时的注意事项：

① 必须遵守安全操作规程，不得随意触及带电部位；

② 要尽可能切断电动机主电路电源，只在控制电路带电的情况下进行检查；

③ 如需电动机运转，则应使电动机空载运行，以避免工业机械的运动部分发生误动作和碰撞；

④ 要暂时隔离有故障的主电路，以免故障扩大，并预先充分估计到局部线路动作后可能发生的不良后果。

3）用测量法确定故障点

测量法是用来准确确定故障点的一种行之有效的检查方法。常用的测试工具和仪表有校验灯、测电笔、万用表、钳形电流表、绝缘电阻表等，主要通过对电路进行带电或断电时的有关参数如电压、电阻、电流等的测量，来判断电器元件的好坏、设备绝缘情况以及线路的通断情况。

在用测量法检查故障点时，一定要保证各种测量工具和仪表完好，使用方法正确，还要注意防止感应电、回路电及其他并联支路的影响，以免产生误判断。

常用的方法有：电压分阶测量法、电阻分阶测量法、短接法。

（1）电压分阶测量法

原理：当电路断开后，电路中没有电流，电源电压全部降落在断路点两端。

图1-6-2（a）所示的控制电路，设故障现象为：按下SB1，KM不吸合。用电压分阶测量法的操作步骤如下：

① 将万用表的转换开关置于交流挡500V量程。

② 接通控制电路电源（注意先断开主电路）。

③ 检查电源电压，将两表笔置于0-1两点，若无电压或电压异常，说明电源部分有故障，可检查控制电源变压器及熔断器等；若电压正常为380V→④。

④ 一人按下SB1不放，另一人将两表笔测0-2之间电压，若0-2之间电压为0，则故障点为FR常闭触点接触不良，应检查热继电器是否已动作，必要时还应排除主电路中导致热继电器动作的原因。若电压正常为380V→⑤。

⑤ 按下SB1不放，两表笔测0-3之间电压，若0-3之间电压为0，则故障点为SB2接触不良，一般考虑按钮SB2未复位或是接线松脱。若电压正常为380V→⑥。

⑥ 按下SB1不放，两表笔测0-4之间电压，若0-4之间电压为0，则故障点为SB1接触不良。若电压正常为380V，则故障点应考虑为接触器KM线圈断路。

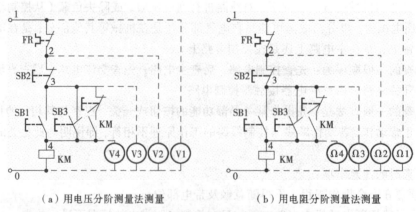

（a）用电压分阶测量法测量　　　　（b）用电阻分阶测量法测量

图1-6-2　用测量法排除故障

用电压分阶测量法判断图1-6-2（a）故障点如表1-6-2所示。

表 1-6-2　用电压分阶测量法判断故障点

顺　　序	0-1	0-2	0-3	0-4	故　障　点
1	0V	—	—	—	电源，检查 FU
2	380V	0V	—	—	FR 常闭触点接触不良
3	380V	380V	0V	—	SB2 接触不良
4	380V	380V	380V	0V	SB1 接触不良
5	380V	380V	380V	380V	接触器 KM 线圈断路

综上所述，电压分阶测量法的测量要点为：万用表置交流电压 500V 挡，一只表笔固定接电源一端（例如 0 号端），将电路闭合（例如按下 SB2 不放），红表笔依次接其他各点（范围先大后小），若电压发生变化（变为 0），即可判断故障点。

（2）电阻分阶测量法

原理：断路点两端电阻无穷大。

电压分阶测量法虽然使用起来既方便又准确，但必须带电操作，而且不适用于耗能元件，而电阻分阶测量法正好可弥补了这个不足。

图 1-6-2（b）所示的控制电路，设故障现象为：按下 SB1，KM 不吸合。用电阻分阶测量法的操作步骤如下：

① 将万用表的转换开关置于电阻挡的适当量程上。

② 断开被测电路的电源。

③ 断开被测电路与其他电路并联的连线。

④ 一人按下 SB1 不放，另一人将两表笔分别测 0-1、0-2、0-3、0-4 之间电阻，若阻值发生变化（变为无穷大），即可判断故障点。

用电阻分阶测量法判断图 1-6-2（b）的故障点如表 1-6-3 所示。

表 1-6-3　用电阻分阶测量法判断故障点

顺　　序	0-1	0-2	0-3	0-4	故　障　点
1	有电阻	—	—	—	电源，检查 FU
2	∞	有电阻	—	—	FR 常闭触点接触不良
3	∞	∞	有电阻	—	SB2 接触不良
4	∞	∞	∞	有电阻	SB1 接触不良
5	∞	∞	∞	∞	KM 线圈断路

注意：对于接触器线圈这类耗能元件，其进出线两端的阻值应与该电器铭牌上所标注的阻值相符，若实测阻值偏大，说明内部出现接触不良；若实测的阻值偏小或为零，则说明内部绝缘损坏甚至被击穿。对于未注明阻值的线圈，可根据铭牌上的额定工作电压和功率将电阻值换算出来。

电阻分阶测量法的优点是安全，缺点是易造成误判，为此应注意以下几点：

① 用电阻测量法检查故障时，一定要先切断电源；

② 所测量电路若与其他电路并联，必须将该电路与其他电路断开；

③ 测量高电阻电器元件时，要将万用表的电阻挡转换到适当的挡位。

（3）短接法

机床电气设备的常见故障为断路故障，如导线断路、虚连、虚焊、触点接触不良、熔断器熔断等。对这类故障除用电压法、电阻法检查外，还有一种更为简便可靠的方法，就是短接法。检查时，用一根绝缘良好的导线，将所怀疑的断路部位短接，若短接到某处电路接通，则说明该处断路。

① 局部短接法：检查前，先用万用表测量如图 1-6-3（a）所示 1—0 两点间的电压，若电压正常，可一人按下起动按钮 SB2 不放，另一人用一根绝缘良好的导线，分别短接标号相邻的两点：1-2，2-3，3-4，4-5（注意不要短接 5-0 两点，否则造成短路），当短接到某两点时，接触器 KM1 吸合，即说明断路故障就在该两点之间。

② 长短接法：长短接法是指一次短接两个或多个触点来检查故障的方法。

当 FR 的常闭触点和 SB1 的常闭触点同时接触不良时，若用局部短接法短接，如图 1-6-3（b）中的 1-2 两点，按下 SB2，KM1 仍不能吸合，则可能造成判断错误；而用长短接法将 1 和 5 两点短接，如果 KM1 吸合，则说明 1-5 这段电路上有断路故障；然后再用局部短接法逐段找出故障点。

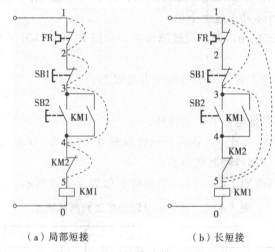

（a）局部短接　　　　　　　（b）长短接

图 1-6-3　用短接法排除断路故障

长短接法的另一个作用是可把故障点缩小到一个较小的范围。例如第一次先短接 3-5 两点，KM1 不吸合，再短接 1-5 两点，KM1 吸合，说明故障在 1-3 范围内。可见，如果长短接法和局部短接法能结合使用，就能很快找出故障点。

③ 用短接法检查故障时必须注意以下几点：

a. 用短接法检测时，是用手拿绝缘导线带电操作的，所以一定要注意安全，避免触电事故；

b. 短接法只适用于压降极小的导线及触点之类的断路故障。对于压降较大的电阻器，如电阻、线圈、绕组等断路故障，不能采用短接法，否则会出现短路故障；

c. 对于工业机械的某些要害部位，必须保证电气设备或机械部件不会出现事故的情况下，才能使用短接法；

d. 在使用短接法排除故障时，应在电动机主电路断开情况下进行。

4）故障修复注意事项

当找出电气设备的故障点后，就要着手进行修复、试运转、记录等，然后交付使用，但必需注意如下事项：

① 找出故障点还必须进一步分析产生故障的根本原因。例如：在处理某台电动机因过载烧毁的事故时，决不能认为将烧毁的电动机重新修复或换上一台同型号的新电动机就算完事，而应进一步查明电动机过载的原因，到底是因负载过重，还是电动机选择不当、功率过小所致，因为两者都将导致电动机过载。所以修复故障应在找出故障原因并排除之后进行。

② 找出故障点后，一定要针对不同的故障情况和部位采取正确的修复方法，不允许轻易改动线路或更换规格不同的电器元件，以防止产生人为故障。

③ 在故障点的修理工作中，一般情况下应尽量做到复原，但有时为了尽快恢复工业机械的正常运行，根据实际情况也允许采取一些适当的应急措施，但绝不可凑合行事。

④ 电气故障修复完毕，需要通电试运行时，应和操作者配合，避免出现新的故障。

⑤ 每次排除故障后，应及时总结经验，做好维修记录。内容包括：机械的型号、名称、编号、故障发生日期、故障现象、部位、损坏的电器、故障原因、修复措施及修复后的运行情况等。记录的目的：作为档案以备日后维修时参考，并通过对历次故障的分析，采取相应的有效措施，防止类似事故的再次发生或对电气设备本身的设计提出改进意见等。

3. 电气设备的维修

电气设备在运行的过程中，由于各种原因难免会产生各种故障，使工业生产机械不能正常工作，电气设备发生故障后，维修电工应能够及时、熟练、准确、迅速、安全地查出故障，并加以排除，尽早恢复生产机械的正常运行。

1）电气设备维修的一般要求

① 采取的维修步骤和方法必须正确，切实可行。

② 不得损坏完好的电器元件。

③ 不得随意更换电器元件及连接导线的型号规格。

④ 不得擅自改动线路。

⑤ 损坏的电气装置应尽量修复使用，但不得降低其固有的性能。

⑥ 电气设备的各种保护性能必须满足使用要求。

⑦ 绝缘电阻合格，通电试车能满足电路的各种功能，控制环节的动作程序符合要求。

⑧ 修理后的电器装置必须满足其质量标准要求。电器装置的检修质量标准是：

a. 外观整洁，无破损和碳化现象。

b. 所有的触头均应完整、光洁、接触良好。

c. 压力弹簧和反作用力弹簧应具有足够的弹力。

d. 操纵、复位机构都必须灵活可靠。

e. 各种衔铁运动灵活，无卡阻现象。

f. 灭弧罩完整、清洁，安装牢固。

g. 整定数值大小应符合电路使用要求。

h. 指示装置能正常发出信号。

2）低压电气的检修

（1）触点系统故障的修复

触点系统常见的故障有：触点过热、触点灼伤和熔焊、触点磨损等。故障原因及处理方法如表 1-6-4 所示。

表 1-6-4　触点系统常见故障原因及处理方法

故障现象	原　因	处　理　方　法
触点过热	长期使用，会使触点弹簧变形、氧化和张力减退，造成触点压力不足，导致触点接触电阻增大，在通过额定电流时，温升超过允许值，造成触点过热	更换损坏的弹簧，并进行以下试验： 1、测量动、静触点刚接触时的初压力，及触点完全闭合后的终压力 2、测量触点在完全分断时，动、静触点间的最短距离，即开距；及触点在完全闭合后，将静触点取下，动触点接触处发生的位移，即超程
触点灼伤和熔焊	灼伤：触点在分断或闭合电路时，会产生电弧，由于电弧的作用会造成触点表面严重灼伤	用细锉轻轻锉平灼伤面，不能修复的应更换
	熔焊：严重的电弧产生的高温，使动、静触点接触面熔化后，焊在一起断不开（由于触点容量过小、操作过频繁、触点弹簧损坏、初压力减小等原因所致）	更换
触点磨损	由于电弧高温使触点金属气化蒸发，加上机械磨损，使触点的厚度越来越薄	对正常磨损，当磨损超过原厚度的 1/2 时，应更换；对非正常磨损（如灭弧系统损坏或触头压力因素），应排除故障

（2）电磁系统故障的修复

电磁系统常见的故障有：噪声过大、线圈过热、衔铁不吸或不释放等。故障原因及处理方法如表 1-6-5 所示。

表 1-6-5　电磁系统常见故障原因及处理方法

故障现象	原　因	处　理　方　法
噪声过大	1. 动、静铁心端面不平有污垢 2. 铁心歪斜 3. 交流电器的短路环断裂	1. 拆下线圈锉平或磨平铁心极面或用汽油清洗干净油污 2. 铁心歪斜则应加以校正或紧固 3. 用铜材按原尺寸制作更换
线圈过热	动、静铁心端面变形，衔铁运动受阻或有污垢等均造成铁心吸不严或不吸，导致线圈电流过大、过热，严重时会烧毁线圈。另外电源电压过高或过低、操作频繁、线圈匝间短路等也会引起线圈过热或烧毁	修理铁心变形端面，清除端面污垢，使铁心吸合正常 若线圈匝间短路，应更换线圈 如属操作频繁，则应降低操作频率
衔铁不吸或吸后不释放	线圈得电后衔铁不吸，可能是电源电压过低、线圈内部或引出线部分断线；也可能是衔铁机构可动部分卡死等造成 衔铁吸后不放，剩磁作用或者铁心端面的污垢使动、静铁心粘附在一起 直流电器的非磁性垫片损坏，使衔铁闭合后最小气隙变小，也会导致衔铁不能顺利释放	若衔铁可动部分受卡，可排除受卡故障 铁心端面有污垢，要用汽油清洗干净 若是引出线折断，则要焊接断线处 线圈内部断线则应更换线圈 直流电器的非磁性垫片损坏，应予更换
线圈冒烟	1. 线圈匝间短路严重、绝缘老化 2. 线圈工作电压与电源电压不相符	1. 更换线圈 2. 更换线圈型号，使之相符

（3）三相异步电动机的检修

三相异步电动机常见故障分机械故障和电气故障两大类。电气故障包括：定子和转子绕组的短路、断路、电刷及起动设备等故障。机械故障包括：振动过大、轴承过热、定子与转子相互摩擦及不正常噪声等。其判断与处理方法如表1-6-6所示。

表1-6-6　三相异步电动机常见故障原因及处理方法

故 障 现 象	原　　因	处 理 方 法
电动机通电后不起动或转速低	1. 电源电压过低 2. 熔丝熔断 3. 定子绕组或外部电路有一相断路 4. 电动机连接方式错，△误接成丫 5. 电动机负载过大或机械卡住 6. 笼形转子断条或脱焊	1. 检查电源 2. 检查原因，排除故障，更换熔丝 3. 用绝缘电阻表或万用表检查有无断路或接触不良 4. 改正接线方式 5. 调整负载，处理机械部件 6. 更换或补焊铜条，或更换铸铝转子
电动机过热或内部冒烟、起火	1. 电动机过载 2. 电源电压过高 3. 环境温度过高，通风散热障碍 4. 定子绕组短接或接地 5. 缺相运行 6. 电动机受潮或修后烘干不彻底 7. 定转子相摩擦 8. 电动机接法错误 9. 起动过于频繁	1. 降低负载或更换大容量电动机 2. 检查，调整电源电压 3. 更换B或F级绝缘电动机。降低环境温度，改善通风条件 4. 检查绕组直流电阻、绝缘电阻，处理短路点 5. 分别检查电源和电机绕组，查出故障点，加以修复 6. 若过热不严重、绝缘尚好，应彻底烘干 7. 测量气隙、检查轴承磨损情况，查出原因修复 8. 改为正确接法 9. 按规定频率起动
电火花过大，滑环过热	1. 电刷火花过大 2. 内部过热 3. 滑环表面有污垢、杂物 4. 滑环不平、电刷与滑环接触不严 5. 电刷牌号不符，尺寸不对 6. 电刷压力过大或过小	1. 调整、修理电刷和滑环 2. 清除过热原因 3. 清除污垢、杂物，使其表面与电刷接触良好 4. 修理滑环、研磨电刷 5. 更换适合的电刷 6. 调整电刷压力到规定值
三相电流过大或不平衡电流超过允许值	1. 定子绕组某一相首、末端接错 2. 三相电源电压不平衡 3. 定子绕组有部分短路 4. 单相运行 5. 定子绕组有断路现象	1. 重新判别首、末端后再接线运行 2. 检查电源 3. 查出短路绕组，检修或更换 4. 检查熔丝，控制装置各接触点，排故 5. 查出断路绕组，检修或更换
振动过大	1. 电动机机座不平 2. 轴承缺油、弯曲或损坏 3. 定子或转子绕组局部短路 4. 转子部分不平衡，连接处松动 5. 定子、转子相摩擦	1. 重新安装，调平机座 2. 清洗加油、校直或更换轴承 3. 查出短路点，修复 4. 校正平衡，查出松动处拧紧螺钉 5. 检查，校正动、静部间隙

实训要点及要求

1. 实训要点

① 由教师人为设置故障点，学生分组（3～5人一组）观察和讨论，一名学生对照原理图

进行逻辑分析，一名学生现场排故，另一名学生根据前两位同学的分析及排故情况进行总结概括，其余同学可作补充。场下的同学可进行提问。

② 同学之间互相设置故障（2 人一组），考核排故所用方法是否正确及完成的时间。

③ 教师设置故障，学生单独完成。

2. **实训要求**

① 用试验法观察电机运转现象，初步判断故障范围，若发现异常现象，应立即断电检查。

② 用逻辑分析法缩小故障范围，并在电路图上用虚线标出故障部位的最小范围。

③ 用测量法正确、迅速地找出故障点。

④ 根据故障点的不同情况，采取正确的方法迅速排除故障。

⑤ 检修完毕进行通电测试。

3. **电气故障的设置原则**

① 人为设置的故障点，必须是模拟机床在使用过程中，由于受到振动、受潮、高温、异物侵入、电动机负载及线路长期过载运行、起动频繁、安装质量低劣和调整不当等原因造成的"自然"故障。

② 切忌设置改动线路等由于人为原因造成的非"自然"的故障点。

③ 故障点的设置，应做到隐蔽且设置方便，除简单控制线路外，两处故障一般不宜设置在单独支路或单一回路中。

④ 对于设置一个以上故障点的线路，其故障现象应尽可能不要相互掩盖。学生在检修时，若检查思路尚清楚，但检修到定额时间的 2/3 还不能查出一个故障点时，可做适当的提示。

⑤ 应尽量不设置容易造成人身或设备事故的故障点，如有必要时，教师必须在现场密切注意学生的检修动态，随时作好采取应急措施的准备。

⑥ 设置的故障点，必须与学生应该具有的修复能力相适应。

考核评价

根据项目评分标准进行自评、组评或师评，评分记入实训报告表 1-6-7。

项目七

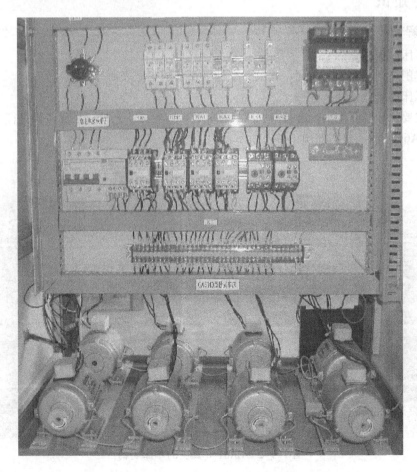 CA6140 型车床的电气测绘

工作任务及目标

1. 本项目学习测绘 CA6140 模拟车床电气控制柜中的接线图。

2. 通过此任务的完成达到以下目标：

（1）了解车床及主要运动形式；

（2）了解车床电力拖动特点及控制要求；

（3）能根据电气实物接线图测绘出电路图。

CA6140 模拟车床电气控制柜接线图如图 1-7-1 所示。

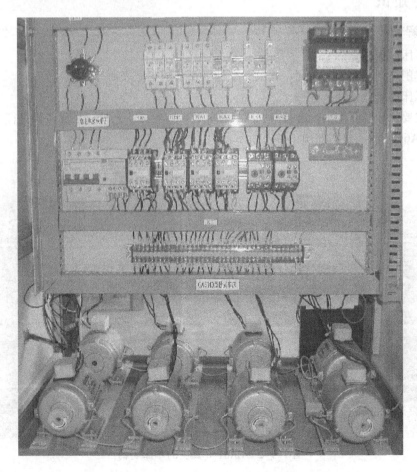

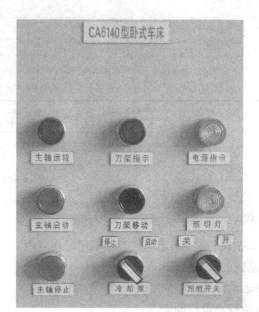

图 1-7-1　CA6140 模拟车床电气控制柜接线图

相关知识

1. 了解车床

（1）车床的作用

能够车削外圆、内圆、端面、螺纹、螺杆以及车削定型表面等。

（2）车床的组成

车床主要由床身、主轴、进给箱、溜板箱、刀架、丝杆、光杆、正反转操纵杆、尾座等部分组成，CA6140 的实物图如图 1-7-2 所示。

图 1-7-2　CA6140 真实的车床实物

（3）车床的运动

车床的运动主要包括切削运动、进给运动、辅助运动。

① 切削运动：包括工件旋转的主运动和刀具的直线进给运动。根据工件的材料性质、车刀材料及几何形状、工件直径、加工方式及冷却条件的不同，要求主轴有不同的切削速度，速度的调节通过机械调速手柄实现，如图 1-7-3（a）。

② 进给运动：刀架带动刀具作直线运动。溜板箱把丝杠或光杠的转动传递给刀架部分，变换溜板箱外的手柄位置，经刀架部分使车刀做纵向或横向进给。

③ 辅助运动：车床的辅助运动为机床上除切削运动以外的其他一切必需的运动，如尾架的纵向移动，工件的夹紧与放松等。

2. 电力拖动特点及控制要求

CA6140 型车床是一种广泛的金属切削通用机床。它除了有主轴电动机 M1 和冷却泵电动机 M2 外，还设置了刀架快速移动电动机 M3。其控制特点如下：

①主轴电动机选用三相笼形异步电动机，不进行电气调速。采用齿轮箱进行机械有级调速，为减小振动，主拖动电动机通过几条 V 带将动力传递到主轴箱，如图 1-7-3（b）所示。

②在切削螺纹时，要求主轴通过机械的方法来实现正反转。

③主轴电动机要求能连续运行，即采用"起-保-停"基本控制电路。

④刀架快速移动电动机采用点动按钮操作。

⑤切削加工时，应配有冷却泵电动机，且要求在主轴电动机起动后，方可开动冷却泵。而主轴电动机停止时，冷却泵应该停止，即有顺序控制要求。

⑥作连续运转的主轴、冷却泵电动机均要有过载、短路、失压保护。

⑦具有安全的局部照明装置。

（a）机械调速手柄 　　　　　　　　　（b）主轴动力传动箱

图 1-7-3　车床机械调速装置

3. 电路低压电器

车床模拟电气控制柜中的低压电器实物图如图 1-7-4 所示。组合开关、接触器、熔断器、热继电器请参看主教材项目五中的任务 2，本处仅介绍低压断路器、中间继电器、变压器。

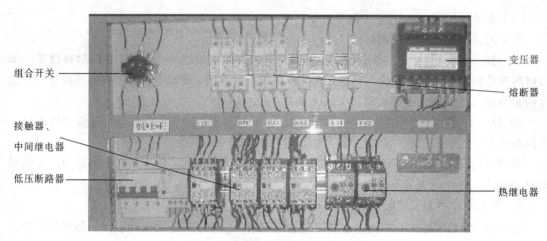

组合开关

变压器

熔断器

接触器、
中间继电器

低压断路器

热继电器

图 1-7-4　车床模拟电气控制柜中的低压电器

1）低压断路器（QS）

低压断路器又称自动开关、空气开关、自动空气断路器。

（1）作用

低压断路器是一种既有手动开关作用，又能自动切断故障的半自动低压电器。当电路发生严重过载、短路以及失压等故障时，能自动切断电路，有效地保护串接在它后面的电气设备，在正常情况下，也可以用于不频繁地接通和断开电路及控制电动机。其保护参数可以人为调整，且在分断故障电流后一般不需要更换零部件，因而获得了广泛的应用。

（2）结构

低压断路器结构及实物图如图 1-7-5（a）、（b）所示。其主要部分由触点系统、灭弧栅、自动与手动操作机构、脱扣器、外壳组成。常用塑料外壳式的断路器的型号有 DZ5、DZ10、DZ20 等系列。图 1-7-5（c）为断路器的图形文字符号图。

（3）工作原理

图 1-7-5（a）中共有四个脱扣器：其中过电流脱扣器的线圈和热脱扣器的热元件均串联在被保护的三相电路中，欠电压脱扣器的线圈和分励脱扣器的线圈并联在电路中。

当图 1-7-5（b）中开关向上推时，带动自由脱扣器动作使主触点闭合，接通电源。在正常工作时，过电流脱扣器的衔铁不吸合；若电路发生短路或超过电流脱扣器动作电流，则过电流脱扣器衔铁动作；当电路过载时，热脱扣器的热元件发热使双金属片产生足够的弯曲；当电源电压不足，达到欠电压脱扣器释放值时，欠电压脱扣器动作；按下分断按钮，分励脱扣器线圈通电，衔铁动作；以上任一脱扣器动作都将推动自由脱扣器动作，使主触点切断电路。

在自由脱扣器动作后，若需再次合闸，必须先按下复位按钮。

（4）自动开关的选用原则

① 额定电压和额定电流应不小于电路的额定电压和额定电流；

② 热脱扣器的整定电流要与所控制的负载额定电流一致；

③ 电磁脱扣器的瞬时脱扣整定电流应大于负载电路正常工作时的最大电流，对于电动机负载，电磁脱扣器的瞬时脱扣整定电流一般取大于或等于起动电流的 1.7 倍。

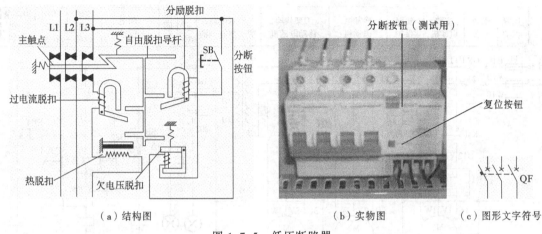

（a）结构图　　　　　　　　　　　　（b）实物图　　　　　（c）图形文字符号

图 1-7-5　低压断路器

2）中间继电器（KA）

（1）作用

中间继电器是传输或转换信号的一种低压电器元件，它的特点是触点数目较多，电流容量可增大，起到中间放大（触点数目和电流容量）的作用。

（2）结构

与接触器相似，只是触点中无主、辅之分，因而价格相对接触器较低。当电路电流小于5A 时，可用中间继电器代替接触器起动电动机。

（3）选用

中间继电器主要根据控制电路的电压等级和所需触点的数量、种类以及容量等要求来选用。

常用的中间继电器有 JZ7 型交流中间继电器、JZ8 型直流中间继电器。图 1-7-6 所示为中间继电器实物图及图形文字符号。

图 1-7-6　中间继电器实物图及图形文字符号

3）控制变压器（TC）

控制变压器实际也是电源变压器，只是功率较大，通常可输出 110V 的电压。在机床控制线路中，通常是为了安全及控制的需要用来变换各种不同的电压。例如，本模拟装置中接触器线圈的额定电压为 110V，照明电路的额定电压为 24V，信号指示灯的额定电压为 6V。

4. 电路的工作原理

图 1-7-7 为实际车床 CA6140 的电路图（与模拟 CA6140 电控柜略有差别）。

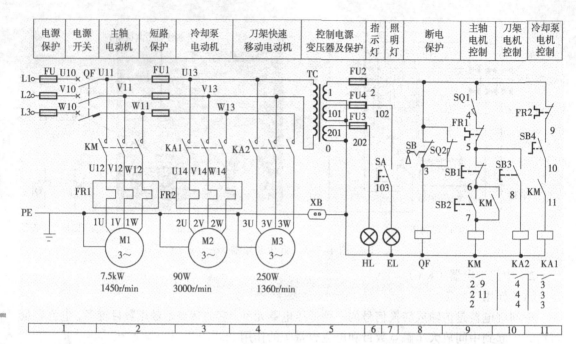

图 1-7-7　某车间 CA6140 实际车床电路原理图

（1）电源部分

① 总电源的引入　合上配电箱门，钥匙开关旋至接通位置，合上 QF，引入电源；正常工作时，配电柜门关闭，SB（旋钮开关）处于右旋状态，SQ2（位置开关）处于受力（断开）状态，QF 线圈不得电。若打开柜门，则 SQ2 恢复闭合，QF 线圈得电，断路器自动断开，切断电源进行安全保护。FU1 作为冷却泵电动机 M2、快速移动电动机 M3、控制变压器 TC 一次绕组的短路保护。

② 控制回路及辅助电路的电源　由 TC（控制变压器）二次侧分别输出 110V、24V、6V 电压分别供给机床控制电路、照明电路、指示电路。FU2～FU4 为各自回路提供短路保护。

（2）主电路部分

主电路有三台电动机，均为正转控制。

① 主轴电动机 M1　由交流接触器 KM 控制，带动主轴旋转和工件做进给运动。主轴的旋转方向的改变及变速均由机械控制实现。主轴电动机 M1 为长动控制，设有过载保护。

② 刀架快速移动电动机 M3　由中间继电器 KA2 控制，在机械手柄的控制下带动刀架快速做横向或纵向进给运动。即刀架的移动方向由机械控制实现。刀架快速移动电动机 M3 为点动控制。

③ 冷却泵电动机 M2　由中间继电器 KA1 控制，当主轴电动机 M1 起动后，转动旋转开关 SB4，冷却泵电动机才能工作，即输送切削冷却液；冷却泵电动机 M2 也为长动控制，设有过载保护。

（3）控制电路部分

① 主轴电动机 M1 的控制　为保证人身安全，车床正常运行时必须将主轴动力传动箱门

合上，位置开关 SQ1 装在主轴动力传动箱门后，起断电保护作用。

M1 起动：当主轴动力传动箱门关闭，SQ1 闭合，按下 SB2→KM 线圈得电→KM 常开主触点（2 区）闭合→主轴 M1 起动；与此同时，KM 常开触点（9 区）闭合→自锁，KM 常开触点（11 区）闭合→为 KA1 得电（即冷却泵的起动）作准备。

M1 停止：按下 SB1→KM 线圈失电，KM 触点复位→M1 停转。

FR1 作为主轴电动机的过载保护。

② 快速移动电动机 M3 的控制　刀架快速移动电动机 M3 的起动由安装在刀架快速进给操作手柄顶端的按钮 SB3 进行点动控制。

③ 冷却泵电动机 M2 的控制　冷却泵电动机 M2 与主轴电动机 M1 采用顺序控制，只有当主轴电动机 M1 起动后，转动旋转开关 SB4，中间继电器 KA1 线圈得电，冷却泵电动机 M2 才能起动。若 KM 失电，主轴电动机停转，M2 自动停止运行。

FR2 为冷却泵电动机提供过载保护。

5．**电气线路图的绘制原则**

生产机械电气控制线路常用电路图、布置图和接线图来表示。

（1）电路图（又称电气原理图）

电路图是根据生产机械运动形式对电气控制系统的要求，采用国家统一规定的电气图形符号和文字符号，按照电气设备和电器的工作顺序，详细表示电路、设备或成套装置的全部基本组成和连接关系，而不考虑其实际位置的一种简图。

电路图能充分表达电气设备和电器的用途、作用和工作原理，是电气线路安装、调试和维修的理论依据。

绘制、识读电路图应遵循以下原则：

① 电路图一般分电源电路、主电路和辅助电路三部分绘制：

a．电源电路画成水平线，三相交流电源相序 L1、L2、L3 自上而下依次画出，中线 N 和保护接地线 PE 依次画在相线之下。直流电源的"+"极端画在上边，"-"极端画在下边。电源开关要水平画出，如图 1-7-7 所示。

b．主电路是指受电的动力装置及控制、保护电器的支路等，由主熔断器、接触器主触点、热继电器热元件以及电动机等组成。主电路通过的电流是电动机的工作电流，电流较大。主电路图要画在电路图的左侧，并垂直于电源电路。

c．辅助电路一般包括控制主电路工作状态的控制电路、显示主电路工作状态的指示电路和提供机床设备局部照明的照明电路等。它是由主令电器的触点、接触器线圈及辅助触点、继电器线圈及触点、指示灯和照明灯等组成。辅助电路通过的电流较小，一般不超过 5A。画辅助电路时，辅助电路要跨接在两相电源线之间，一般按照控制电路、指示电路和照明电路的顺序依次垂直画在主电路图的右侧，且电路中的耗能元件（如接触器和继电器的线圈、指示灯、照明灯等）要画在电路图的下方，并与下边电源线相连；而电器的触点要画在耗能元件与上边电源线之间。

② 在电路图上，主电路、控制回路、照明回路和信号电路应按功能分开绘制（在用途栏中标明电路各部分功能及名称）。为了看图方便，一般应自左至右或自上至下表示操作顺序。

③ 在电路图中，不画各电器元件实际的外形图，而采用国家统一规定的电气图形符号和文字符号画图，详见附录三。

④ 在电路图中，同一电器元件的不同部分（如接触器的线圈和触点）不按它们的实际位置画出，而是按其在电路中所起的作用分别画在不同的电路中，但它们的动作却是相互关联的，必须标注相同的文字符号。若图中相同的电器较多时，需要在电器文字符号后面加注不同的数字，以示区别，如 KM1、KM2 等。

⑤ 对于较复杂的电路，为了读图方便，应将电路图划分为若干图区；在线圈下方，将线圈对应在各图区的触点用符号及数字标注，如图 1-7-7 所示，在 9 区 KM 线圈下方标有数字 2，2，2，9，11，且对应数字上方画有常开触点符号，表明 KM 常开触点在 2 区有三个，在 9 区和 11 区各有一个。若既有常开触点又有常闭触点，则用竖线分割，触点类型符号可以省略，默认竖线左右两边分别为常开和常闭触点对应的图区数字。

⑥ 所有电器的图形符号均按电路未通电或电器未受外力作用时的常态位置画出。

⑦ 画电路图时，应尽可能减少线条和避免线条交叉，对有直接电联系的交叉导线连接点，要用小黑圆点表示；无直接联系的则不画小黑点。

电路图采用电路编号法，即对电路中各个接点用字母或数字编号。

a. 主电路在电源开关的出线端按相序依次编号为 U11、V11、W11。然后按从上至下、从左至右的顺序，每经过一个电器元件后，编号要递增，如 U12、V12、W12；U13、V13、W13……。单台三相交流电动机（或设备）的三根引出线按相序依次编号为 U、V、W。对于多台电动机引出线的编号，为了不引起误解和混淆，可在字母前用不同的数字加以区别，如 1U、1V、1W；2U、2V、2W……。

b. 辅助电路编号按"等电位"原则从上至下、从左至右的顺序用数字依次编号，每经过一个电器元件后，编号要依次递增。控制电路编号的起始数字必须是 1，其他辅助电路的起始数字依次递增 100，如照明电路编号从 101 开始；指示电路编号从 201 开始等。

图 1-7-8（a）为具有过载保护的自锁正转控制线路的电路图。

（2）电气元件布置图（简称布置图）

布置图是根据电器元件在控制板上的实际安装位置，采用简化的外形符号（如正方形、矩形、圆形等）而绘制的一种简图。

它不表达各电器的具体结构、作用、接线情况以及工作原理，主要用于电器元件的布置和安装，图中各电器的文字符号必须与电路图的标注相一致。图 1-7-8（b）为具有过载保护的自锁正转控制线路的元件布置图。

（3）电器安装接线图（简称接线图）

接线图是根据电气设备和电器元件的实际位置和安装情况绘制的，只用来表示电气设备和电器元件的位置、配线方式和接线方式，而不明显表示电气动作原理。主要用于安装接线、线路的检查维修和故障处理。

绘制、识读接线图应遵循以下原则：

① 接线图中一般示出如下内容：电气设备和电器元件的相对位置、文字符号、端子号、导线号、导线类型、导线截面积、屏蔽和导线绞合等。

② 所有的电气设备和电器元件都按其所在的实际位置绘制在图纸上，且同一电器的各元件根据其实际结构，使用与电路图相同的图形符号画在一起，并用点画线框上，其文字符号以及接线端子的编号应与电路图中的标注一致，以便对照检查接线。

③ 接线图中的导线有单根导线、导线组（或线扎）、电缆等之分，可用连续线和中断线来

表示。凡导线走向相同的可以合并，用线束来表示，到达接线端子板或电器元件的连接点时再分别画出。在用线束来表示导线组、电缆等时可用加粗的线条表示，在不引起误解的情况下也可采用部分加粗。另外，导线及管子的型号、根数和规格应标注清楚。

图1-7-8（c）为具有过载保护的自锁正转控制线路的接线图。

在实际中，电路图、布置图和接线图要结合起来使用。

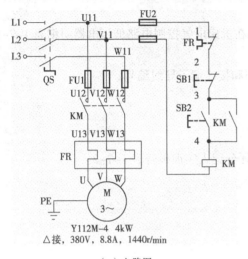

（a）电路图

（b）布置图

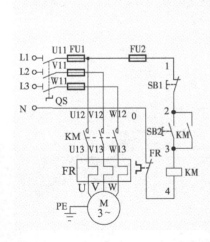

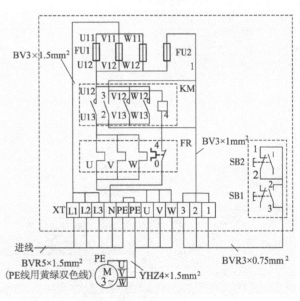

（c）接线图

图1-7-8　具有过载保护的自锁正转控制线路

🎯实训要点及要求

1. 实训要点

① 观察模拟机床电气控制柜正常工作低压电器工作状态。

② 根据电器安装情况绘制电器安装图。

③ 参考图 1-7-4 的示范，通过测试绘制模拟机床电气控制柜的电气控制原理图。

2. 实训要求

① 在模拟电控柜中寻找与 CA6140 车床相关的低压电器，如图 1-7-1 所示；

② 熟悉各低压电器的作用与电气符号；

③ 会辨识、测试低压电器，了解低压电器型号、规格作用。

3. 低压电器明细表

观察电气控制柜内低压电器型号、铭牌，填写在机床电气控制电路低压电器明细表 1-7-1。

4. 绘图

① 根据机床电气控制柜绘出低压电器安装图和接线端子导线编号；

② 根据低压电器安装图绘制电气原理图。

考核评价

根据项目评分标准进行自评、组评或师评，评分记入实训报告表 1-7-2。

第二部分　维修电工中级工考核题库
（应会部分）

🔙 双速电动机控制线路安装

　　采用双速电动机能简化齿轮传动的变速箱，在车床、磨床、镗床等机床中应用很多。双速电动机是通过改变定子绕组接线的方法，以获得两个同步转速。

一、电路图

1. 双速电动机手动控制电路图

图 2-1-1（a）所示为双速电动机手动控制电路图。

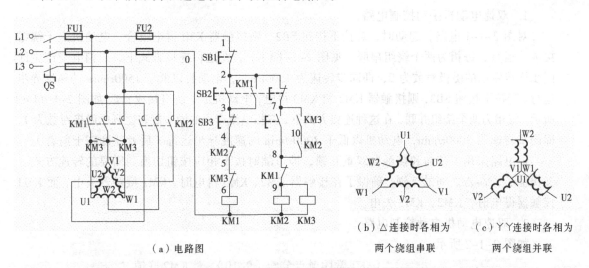

（a）电路图　　（b）△连接时各相为两个绕组串联　　（c）丫丫连接时各相为两个绕组并联

图 2-1-1　双速电动机手动控制电气原理图与绕组连接示意

本电路所用的组合开关、熔断器、接触器、按钮等低压电器见主教材项目五中的任务 2。

2. 双速电动机自动控制电路图（选做）

图 2-1-2 所示为用断电延时型继电器实现的双速电动机自动变速（低速起动，高速运行）的控制电路。

本电路所用的组合开关、熔断器、接触器、按钮、热继电器等低压电器见主教材项目五中的任务 2。时间继电器见本书第一部分项目四。

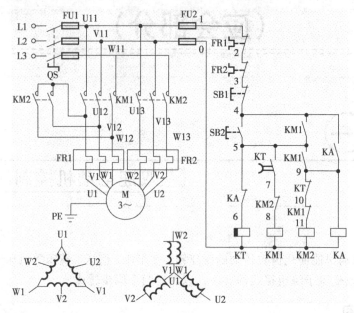

图 2-1-2　双速电动机自动变速控制电气原理图

二、工作原理

1. 双速电动机手动控制电路

对图 2-1-1 电路，起动时，若按下按钮 SB2，则接触器 KM1 得电吸合，电动机定子绕组接成△运行，每相为两个绕组串联［见图 2-1-1（b）］，在这种连接方式下，三相电流产生的同步旋转磁场的磁极对数为 2，即同步转速为 1500r/min，电动机以低于 1500r/min 的速度异步运行。若按下按钮 SB3，则接触器 KM2 和 KM3 得电，电动机定子绕组接成丫丫，如图 2-1-1（c）所示，每相为两个绕组并联，在这种连接方式下，三相电流产生的同步旋转磁场的磁极对数为 1，即同步转速为 3000r/min，电动机以低于 3000r/min 的速度异步运行（后者速度高于前者）。

该电路采用了按钮和接触器双重互锁，即可随时按下相应按钮切换到需要的转速方式，又保证了丫丫-△之间的互锁，确保了在接触器 KM2、KM3 得电时，KM1 接触器失电，而 KM1 接触器得电时，KM2、KM3 失电。

2. 双速电动机自动控制电路

如图 2-1-2 所示，

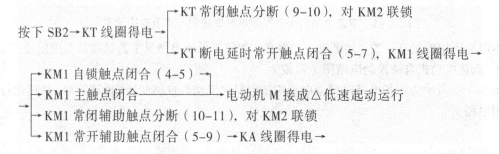

→KA 常开触点闭合自锁（4-9）
　　└KA 常闭触点分断（5-6）→KT 线圈失电→

　　→KT 常闭触点恢复闭合（9-10）
　　└经 KT 整定时间→KT 断电延时常开触点分断（5-7）→KM1 线圈失电→

　　→KM1 常开触点均分断
　　└KM1 常闭触点恢复闭合（10-11）→KM2 线圈得电→

　　→KM2 主触点闭合→电动机 M 接成ＹＹ高速运转
　　└KM2 常闭触点分断（7-8）→对 KM1 联锁

停止时，按下 SB1 即可。

3. 电路图中的控制电路部分若改接为图 2-1-3，可减少使用 KM1 一对常开辅助触点，接线更为方便，读者请分析工作原理。

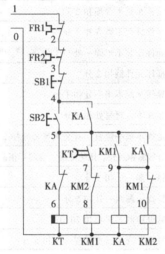

图 2-1-3　双速电动机自动控制电路改进

三、元器件明细表

表 2-1-1 是图 2-1-2 所示电路元器件明细表。

表 2-1-1　元器件明细表

代　号	名　　称	型　号	规　格	数　量
M	三相异步电动机	YD - 112M - 4/2	3.3kW/4kW、380V、7.4A/8.8A△/ＹＹ 连接、1440（2890）r/min	1
QS	组合开关	HZ10 - 25/3	三极额定电流 25A	1
FU1	螺旋式熔断器	RL1 - 60/25	500V、60A 配熔体额定电流 25A	3
FU2	螺旋式熔断器	RL1 - 15/2	500V、15A 配熔体额定电流 2A	2
KM1、KM2	交流接触器	CJ10 - 20	20A、线圈电压 380V	2
FR1	热继电器	JR16 - 20/3	三极、20A、热元件 11A、整定在 7.4A	1
FR2	热继电器	JR16 - 20/3	三极、20A、热元件 11A、整定在 8.8A	1
KT	断电延时继电器	ATF-NA/YA	380V、5A	1

代　号	名　称	型　号	规　格	数　量
KA	中间继电器	JZ7—44	线圈电压 380V	1
SB1～SB3	按钮	LA10－3H	保护式、按钮数 3	1
XT	接线端子板	TD15－10	15A，10 位	2

四、评分表

评分表的栏目设置如表 2-1-2 所示。

表 2-1-2　评分表

检 测 项 目		配　分	评 分 标 准	扣　分	得　分
元件安装 （10 分）	布置合理	4	元件布置不合理扣 2 分		
	排列整齐	3	元件排列不整齐扣 2 分		
	安装可靠	3	元件安装不牢固一处扣 1 分		
	元件损坏		损坏元件倒扣 2 分		
线路安装 （60 分）	导线选配	5	导线选配不当一处扣 1 分		
	线路布局	10	布线不合理每处扣 2 分		
	走线美观	10	走线不横平竖直、有交叉等每处扣 2 分		
	接线规范	10	导线露铜过长、压绝缘层、绕向不正确等每处扣 2 分		
	按图编码	10	错、漏一处扣 2 分		
	电路正确	15	错线、漏线一处扣 5 分		
通电调试		20	通电检测不成功扣 20 分		
文明安全		10	每违反安全操作规程一次扣 5 分		
时间			240min		
开始时间			结束时间	总分	

题目二

⮌ 星形-三角形降压起动手动控制线路安装

丫-△降压起动可以定时控制，也可进行手动控制。

一、电路图

1. 丫-△降压起动手动控制线路之一

图 2-2-1 所示为一种丫→△手动电气原理图。

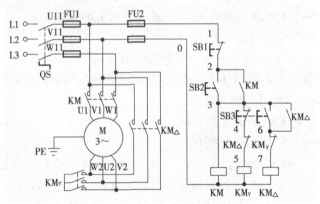

图 2-2-1 丫→△手动电气原理图一

本电路所用的组合开关、熔断器、接触器、按钮等低压电器见主教材项目五中的任务 2。

2. 丫-△降压起动手动控制线路之二（选做）

图 2-2-2 所示为另一种丫→△手动电气原理图。

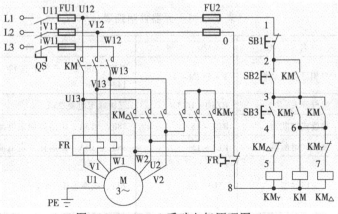

图 2-2-2 丫→△手动电气原理图二

本电路所用的组合开关、熔断器、接触器、按钮、热继电器等低压电器见主教材项目五中的任务 2。

二、工作原理

1. 图 2-2-1 工作原理

编号 1-2-3-0〔即 SB1-SB2（含 KM 自锁点）-KM 线圈〕为"起-保-停"控制线路，保证 KM 线圈在起动和运行中始终得电。

起动时，按下按钮 SB2，KM、KM$_Y$线圈通电，电动机按 Y 连接起动，起动结束后再由操作者按下复合按钮 SB3，由于按钮有先断后合的特点，KM$_Y$线圈先断电（KM$_Y$常闭触点解除对 KM$_\triangle$的互锁），KM$_\triangle$线圈后得电，电动机按 △ 连接且连续运行（KM$_\triangle$常开触点 3-6 闭合自锁），该电路具有按钮、接触器双重互锁功能，能防止换接瞬间电源被短路的情况发生。

2. 图 2-2-2 工作原理

起动时先按下 SB3（不松手）和 SB2，

→KM$_Y$线圈得电→┬─→KM$_Y$常开触点（3-6）闭合→KM 线圈得电→①
　　　　　　　　├─→KM$_Y$常闭触点（6-7）断开，对 KM$_\triangle$联锁
　　　　　　　　└─→KM$_Y$主触点闭合→

①→┬─→KM 主触点闭合────────→电动机 M 接成 Y 低压起动动
　　└─→KM 自锁触点（2-3、3-6）闭合→KM 线圈将始终得电，直到停车。

当起动基本结束时，松开按钮 SB3

→KM$_Y$线圈断电→┬─→KM$_Y$常开触点（3-6）恢复断开
　　　　　　　　├─→KM$_Y$主触点断开
　　　　　　　　└─→KM$_Y$常闭触点（6-7）恢复闭合，解除对 KM$_\triangle$联锁→②

②→KM$_\triangle$线圈得电→┬─→KM$_\triangle$主触点闭合→电动机 M 接成 △ 全压运行
　　　　　　　　　　└─→KM$_\triangle$常闭触点（4-5）断开，对 KM$_Y$联锁

停止时，按下 SB1 即可。

三、元器件明细表

表 2-2-1 是图 2-2-1、图 2-2-2 所示电路元器件明细表。

表 2-2-1　元器件明细表

代　号	名　称	型　号	规　格	数　量
M	三相异步电动机	Y - 112M - 4	4kW、380V、三角形连接、8.8A、1440r/min	1
QS	组合开关	HZ10 - 10/3	三极额定电流 25A	1
FU1	螺旋式熔断器	RL1 - 15	380V、15A、配熔体额定电流 10A	3
FU2	螺旋式熔断器	RL1 - 15	380V、15A、配熔体额定电流 2A	2
KM KM$_Y$ KM$_\triangle$	交流接触器	CJ10 - 20	20A、线圈电压 380V	3

代 号	名 称	型 号	规 格	数 量
FR	热继电器	JR16 - 20/3	三极、20A、热元件11A、整定在8.8A	1
SB1～SB3	按钮	LA10 - 3H	保护式、按钮数3	1
XT	接线端子板	TD15-10	15A、10位	2

四、评分表

评分表的栏目设置如表 2-2-2 所示。

表 2-2-2 评分表

检测项目		配 分	评 分 标 准	扣 分	得 分
元件安装 （10分）	布置合理	4	元件布置不合理扣2分		
	排列整齐	3	元件排列不整齐扣2分		
	安装可靠	3	元件安装不牢固一处扣1分		
	元件损坏		损坏元件倒扣2分		
线路安装 （60分）	导线选配	5	导线选配不当一处扣1分		
	线路布局	10	布线不合理每处扣2分		
	走线美观	10	走线不横平竖直、有交叉等每处扣2分		
	接线规范	10	导线露铜过长、压绝缘层、绕向不正确等每处扣2分		
	按图编码	10	错、漏一处扣2分		
	电路正确	15	错线、漏线一处扣5分		
通电调试		20	通电检测不成功扣20分		
文明安全		10	每违反安全操作规程一次扣5分		
时间			240min		
开始时间			结束时间	总分	

串电阻自动降压起动控制线路安装

对于运行时非三角形连接的异步笼形电动机的降压起动可以使用定子串电阻方法。

一、电路图

三相异步电动机串电阻自动降压控制电路图如图 2-3-1 所示。

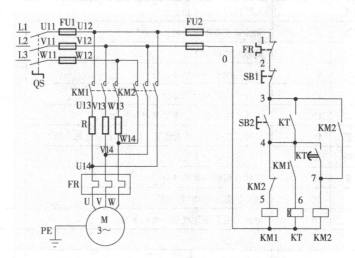

图 2-3-1 串电阻自动降压控制电气原理图

本电路所用的组合开关、熔断器、接触器、按钮、热继电器等低压电器见主教材项目五中的任务 2。时间继电器见本书第一部分的项目四。

二、工作原理

起动：按下 SB2→KM1 线圈得电→┌→KM1 主触点闭合→电动机串电阻降压起动
　　　　　　　　　　　　　　　　└→KM1 常开触点（4-6）闭合→KT 线圈得电→

┌→KT 常开触点（3-4）闭合自锁
└→当时间继电器达到 KT 设定值，KT 常开触点（4-7）延时闭合→KM2 线圈得电→

┌→KM2 自锁触点（3-7）闭合自锁→电动机全压运转
├→KM2 主触点闭合，R 被短接
└→KM2 联锁触点（4-5）先分断→KM1 线圈失电→

→KM1 的触点全部复位分断→KT 线圈失电→KT 常开触点瞬时分断

停止时，按下 SB1 即可实现。

注意：电阻器和接触器在连接时要注意相位不能接错，否则，会由于相序接反造成工作时反转，将产生很大的电流。

三、元器件明细表

表 2-3-1 是图 2-3-1 所示电路元器件明细表。

表 2-3-1　元器件明细表

代　号	名　称	型　号	规　格	数　量
M	三相异步电动机	Y-112M-4	4kW、380V、三角形连接、8.8A、1440r/min	1
QS	组合开关	HZ10-25/3	三极额定电流 25A	1
FU1	螺旋式熔断器	RL1-60/25	500V、60A、配熔体额定电流 25A	3
FU2	螺旋式熔断器	RL1-15/2	500V、15A、配熔体额定电流 2A	2
KM1、KM2	交流接触器	CJ10-20	20A、线圈电压 380V	2
KT	时间继电器	JST-2A	线圈电压 380V	1
FR	热继电器	JR16-20/3	三极、20A、热元件 11A、整定在 8.8A	1
SB1～SB2	按钮	LA10-3H	保护式、按钮数 3	1
XT	接线端子板	TD15-10	15A、10 位	2

四、评分表

评分表的栏目设置如表 2-3-2 所示。

表 2-3-2　评分表

检测项目		配　分	评分标准	扣　分	得　分
元件安装（10分）	布置合理	4	元件布置不合理扣 2 分		
	排列整齐	3	元件排列不整齐扣 2 分		
	安装可靠	3	元件安装不牢固一处扣 1 分		
	元件损坏		损坏元件倒扣 2 分		
线路安装（60分）	导线选配	5	导线选配不当一处扣 1 分		
	线路布局	10	布线不合理每处扣 2 分		
	走线美观	10	走线不横平竖直、有交叉等每处扣 2 分		
	接线规范	10	导线露铜过长、压绝缘层、绕向不正确等每处扣 2 分		
	按图编码	10	错、漏一处扣 2 分		
	电路正确	15	错线、漏线一处扣 5 分		
通电调试		20	通电检测不成功扣 20 分		
文明安全		10	每违反安全操作规程一次扣 5 分		
时间		240min			
开始时间			结束时间	总分	

题目四

两台电动机顺序起动及停转控制线路安装

在实际生产控制中，需要有多台电动机进行控制，而彼此之间有一定的顺序控制要求。

一、电路图

图 2-4-1 所示为两台电动机起动顺序为：M1→M2，停车顺序为 M2→M1 的控制电路。

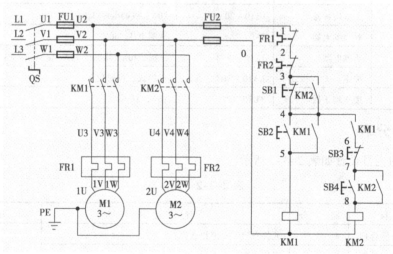

图 2-4-1　两台电动机顺序起动、停转控制电气原理图

本电路所用的组合开关、熔断器、接触器、按钮、热继电器等低压电器。

二、工作原理

1. **顺序起动：**

按下 SB2

KM1 线圈得电 →

→ KM1 自锁触点（4-5）闭合自锁→

→ KM1 主触点闭合 ————————→ 电动机 M1 起动并连续运转

→ KM1 常开辅助触点（4-6）闭合，为 KM2 通电作准备→

→按下 SB4 →

→ KM2 自锁触点（7-8）闭合自锁→

→ KM2 主触点闭合 ————→ 电动机 M2 起动连续运转

→ KM2 常开辅助触点（3-4）闭合（锁住 SB1 保证顺序停转）

2. **顺序停转：**

按下 SB3

$$\text{KM2 线圈失电} \rightarrow \begin{cases} \text{KM2 自锁触点分断解除自锁} \\ \text{KM2 主触点分断} \rightarrow \text{电动机 M2 停转} \\ \text{KM2 常开辅助触点（3-4）分断，SB1 解锁} \rightarrow \text{按下 SB1} \rightarrow \end{cases}$$

$$\rightarrow \text{KM1 线圈失电} \rightarrow \begin{cases} \text{KM1 自锁触点分断解除自锁} \\ \text{KM1 主触点分断} \rightarrow \text{电动机 M1 停转} \\ \text{KM1 常开辅助触点（4-6）分断，保证 M2 电动机不能先行起动} \end{cases}$$

注意：

1. 接线时注意各元器件的代号不能搞错。
2. 掌握操作要领，揿按钮顺序起动时：SB2-SB4；停车时：SB3-SB1。

三、元器件明细表

表 2-4-1 是图 2-4-1 所示电路元器件明细表。

表 2-4-1　元器件明细表

代　号	名　　称	型　　号	规　　格	数　量
M1	三相异步电动机	Y－112M－4	4kW、380V、三角形连接、8.8A、1440r/min	1
M2	三相异步电动机	Y－90S－4	11.5kW、380V、星形连接、3.4A、2845r/min	1
QS	组合开关	HZ10－25/3	三极 额定电流 25A	1
FU1	螺旋式熔断器	RL1－60/25	500V、60A、配熔体额定电流 25A	3
FU2	螺旋式熔断器	RL1－15/2	500V、15A、配熔体额定电流 2A	2
KM1、KM2	交流接触器	CJ10－20	20A、线圈电压 380V	1
FR1	热继电器	JR16－20/3	三极、20A、热元件 11A、整定在 8.8A	1
FR2	热继电器	JR16－20/3	三极、20A、热元件 11A、整定在 3.4A	1
SB1～SB4	按钮	LA10－3H	保护式、按钮数 3	2
XT	接线端子板	TD15－10	15A，10 位	2

四、评分表

评分表的栏目设置如表 2-4-2 所示。

表 2-4-2　评分表

检 测 项 目		配　分	评 分 标 准	扣　分	得　分
元件安装 （10分）	布置合理	4	元件布置不合理扣 2 分		
	排列整齐	3	元件排列不整齐扣 2 分		
	安装可靠	3	元件安装不牢固一处扣 1 分		
	元件损坏		损坏元件倒扣 2 分		
线路安装 （60分）	导线选配	5	导线选配不当一处扣 1 分		
	线路布局	10	布线不合理每处扣 2 分		

检测项目	配分	评分标准	扣分	得分
走线美观	10	走线不横平竖直、有交叉等每处扣 2 分		
接线规范	10	导线露铜过长、压绝缘层、绕向不正确等每处扣 2 分		
按图编码	10	错、漏一处扣 2 分		
电路正确	15	错线、漏线一处扣 5 分		
通电调试	20	通电检测不成功扣 20 分		
文明安全	10	每违反安全操作规程一次扣 5 分		
时间		240min		
开始时间		结束时间	总分	

正反转起动反接制动控制线路安装

所谓制动就是刹车。在生产中为了提高生产效率，常要求电动机在停车时能迅速而准确地停止转动。制动的方法有电气制动和机械制动。电气制动可分为反接制动、能耗制动和再生制动。

一、电路图

图 2-5-1 所示为正反转起动反接制动控制电路。

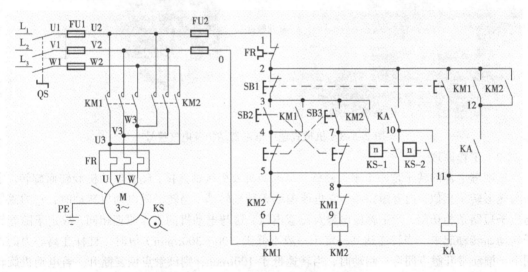

图 2-5-1　正反转起动反接制动控制电路

本电路所用的组合开关、熔断器、接触器、按钮、热继电器等低压电器见主教材项目五中的任务 2。此处仅对速度继电器作一介绍。

速度继电器，顾名思义，当电动机运行到一定速度使能使继电器动作。常用的速度继电器有两种，一种是机械式，直接将电机的转速取来，以推动触点的离合。另一种为电子式速度继电器，它能将反映电动机转速的电平取出，以推动触点的离合，和霍尔传感器类似。由于在机床电气控制中，速度继电器用于电动机的反接制动控制，在电机转速接近零时立即发出信号，切断电源使之停车（否则电动机开始反方向起动）。因此，速度继电器又称反接制动继电器。图 2-5-2 为一组速度继电器的实物图。

（1）结构及电气符号

机械式速度继电器主要由转子、定子和触点三部分组成，转子是一个圆柱形永久磁铁，定子是一个笼形空心圆环，由硅钢片叠成，并装有笼形绕组。图 2-5-3 所示为 JY1 系列的速度继电器及其内部结构和电气符号。

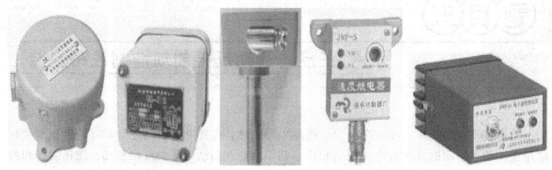

图 2-5-2　一组速度继电器的实物图

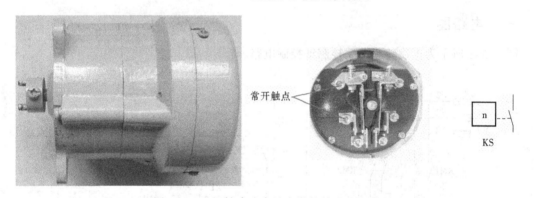

图 2-5-3　机械式速度继电器结构及电气符号

（2）工作原理

速度继电器的转子是一个永久磁铁，与电动机或机械轴连接，随着电动机旋转而旋转。定子与笼形转子相似，内有短路条，它也能围绕着转轴转动。当转子随电动机转动时，它的磁场与定子短路条相切割，产生感应电势及感应电流，这与电动机的工作原理相同，故定子随着转子转动而转动起来。当转速达到一定（一般不低于 100～300r/min）值时，杠杆在离心力的作用下，推动常开触点闭合；制动时，当转速低于100r/min，则该触点恢复断开。若电动机旋转方向改变，则继电器的转子与定子的转向也改变，这时定子就可以触动另外一组触点，使之闭合。当电动机停止时，继电器的触点即恢复原来的常开状态。

（3）选用

速度继电器主要根据所需控制的转速快慢、触点数量和触点的电压、电流来选用。如 JY1 型在 3000r/min 以下能可靠工作；ZF20-1 型适用于 300～1000r/min；ZF20-2 型适用于 1000～3600r/min。

二、工作原理（制动原理）

图 2-5-1 所示为电路在正转的状态下 KS-2 常开触点已闭合，按下复合按钮 SB1→

┌─► SB1 常闭触点先分断①
│
└─► SB1 常开触点后闭合②

$$① KM1 线圈失电 \rightarrow \begin{cases} \rightarrow KM1 \text{ 自锁触点（3-4）解除自锁} \\ \rightarrow KM1 \text{ 主触点分断，电动机失电} \\ \rightarrow KM1 \text{ 常开触点（2-12）断开} \\ \rightarrow KM1 \text{ 常闭触点（8-9）闭合} \end{cases}$$

$$② KA 线圈得电 \rightarrow \begin{cases} KA \text{ 常开触点（11-12）闭合} \\ KA \text{ 常开触点（2-10）闭合} \rightarrow KM2 \text{ 线圈得电} \rightarrow \end{cases}$$

→┌→ KM2 自锁触点（3-7、2-12）闭合自锁
├→ KM2 联锁触点（5-6）断开
└→ KM2 主触点闭合→电动机反接制动→至电动机转速下降到一定值时→KS-2 常开触点分断→KM2 线圈失电→

┌→ KM2 常开触点（3-7、2-12）断开解除自锁→KA 线圈失电→KA 常开触点断开
├→ KM2 主触点断开→电动机停转，制动结束
└→ KM2 联锁触点闭合

若在反转的状态下按下复合按钮 SB1，则先切断 KM2 线圈通路，再接通 KA 线圈通路，使 KM1 线圈得电（即电机反接制动），至电动机转速下降到一定值时→KS-1 常开触点分断→KM1 主触点断开→电动机停转，制动结束。

注意：试车时，若制动不正常，可以根据实际转速调节速度继电器里的调整螺钉，使弹簧压力增大或减小，但一定要在切断电源的情况下进行。

三、元器件明细表

表 2-5-1 是图 2-5-1 所示电路元器件明细表。

表 2-5-1 元器件明细表

代 号	名 称	型 号	规 格	数 量
M	三相异步电动机	Y－112M－4	4kW、380V、三角形连接、8.8A、1440r/min	1
QS	组合开关	HZ10－25/3	三极额定电流 25A	1
FU1	螺旋式熔断器	RL1－60/25	500V、60A、配熔体额定电流 25A	3
FU2	螺旋式熔断器	RL1－15/2	500V、15A、配熔体额定电流 2A	2
KM1、KM2	交流接触器	CJ10－20	20A、线圈电压 380V	2
FR	热继电器	JR16－20/3	三极、20A、热元件 11A、整定在 8.8A	1
KA	中间继电器	JZ7—44	线圈电压 380V	1
KS	速度继电器	JY1		1
SB1～SB3	按钮	LA10－3H	保护式、按钮数 3	3
XT	接线端子板	TD15-10	15A、10 位	2

四、评分表

评分表的栏目设置如表 2-5-2 所示。

表 2-5-2　评分表

检 测 项 目		配　分	评 分 标 准	扣　分	得　分
元件安装 （10分）	布置合理	4	元件布置不合理扣 2 分		
	排列整齐	3	元件排列不整齐扣 2 分		
	安装可靠	3	元件安装不牢固一处扣 1 分		
	元件损坏		损坏元件倒扣 2 分		
线路安装 （60分）	导线选配	5	导线选配不当一处扣 1 分		
	线路布局	10	布线不合理每处扣 2 分		
	走线美观	10	走线不横平竖直、有交叉等每处扣 2 分		
	接线规范	10	导线露铜过长、压绝缘层、绕向不正确等每处扣 2 分		
	按图编码	10	错、漏一处扣 2 分		
	电路正确	15	错线、漏线一处扣 5 分		
通电调试		20	通电检测不成功扣 20 分		
文明安全		10	每违反安全操作规程一次扣 5 分		
时间			270min		
开始时间			结束时间	总分	

66

题目六

正反转起动能耗制动控制线路安装

能耗制动是利用消耗转子惯性运转时的动能来实现的。一般用于要求制动平稳可靠的场合，如磨床、铣床、龙门刨床等。

优点：制动准确、平稳，能量消耗较小。

缺点：需要直流电源装置，制动力较弱。

一、电路图

能耗制动控制电路如图 2-6-1 所示。

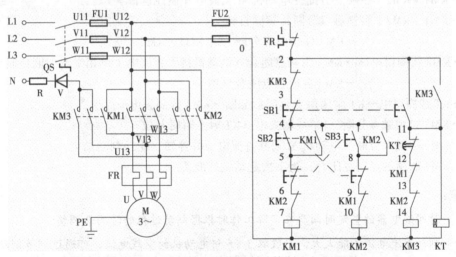

图 2-6-1　正反转起动能耗制动控制电气原理图

本电路所用的组合开关、熔断器、接触器、按钮、热继电器等低压电器见主教材项目五中的任务 2。时间继电器见本书第一部分的项目四。

二、工作原理

1. 正转控制

按下 SB2 → ┌→ SB2 常闭触点先分断对 KM2 联锁（切断反转控制电路）

　　　　　└→ SB2 常开触点后闭合 → KM1 线圈得电 →

┌→ KM1 自锁触点闭合自锁 → 电动机 M 起动连续正转

├→ KM1 主触点闭合 ┘

→

├→ KM1 联锁触点分断对 KM2 联锁（切断反转控制电路）

└→ KM1 联锁触点分断对 KM3 联锁（切断能耗制动电路）

2. 反转控制

按下 SB3 →┌→ SB3 常闭触点先分断→KM1 线圈失电→
　　　　 └→ SB3 常开触点后闭合→┐

┌→ KM1 联锁触点恢复闭合────→ KM2 线圈得电→
├→ KM1 自锁触点分断解除自锁
├→ KM1 主触点分断→电动机 M 失电
├→ KM2 自锁触点闭合自锁→电动机 M 起动连续反转
├→ KM2 主触点闭合────┘
├→ KM2 联锁触点分断对 KM2 联锁（切断正转控制电路）
└→ KM2 联锁触点分断对 KM3 联锁（切断能耗制动电路）

3. 能耗制动

按下 SB1 →┌→ SB1 常闭触点先分断→KM1（KM2）线圈失电→
　　　　 └→ SB1 常开触点后闭合→┐

┌→ KM1（KM2）常闭触点恢复闭合──┘
├→ KM1（KM2）主触点分断→电动机 M 暂失电并惯性运转
├→ KM1（KM2）自锁触点分断，解除自锁
│　　　　　　　┌→ KM3 联锁触点分断，对 KM1（KM2）联锁
├→ KM3 线圈得电→KM3 主触点闭合→电动机接入直流电（单相半波）能耗制动
│　　　　　　　└→ KM3 自锁触点闭合自锁
├→ KT 线圈得电→KT 常闭触点延时后分断→KM3 线圈失电→
├→ KM3 自锁触点分断→KT 线圈失电→KT 触点瞬时复位
├→ KM3 主触点分断→电动机 M 切断直流电源并停转，能耗制动结束
└→ KM3 联锁触点恢复闭合，为下次起动做好准备

注意:

（1）时间继电器的整定时间要在实际工作时根据制动过程的时间来调整;

（2）制动直流电流不能太大，一般取 3～5 倍电动机的空载电流。可通过调节制动电阻 R 来实现;

（3）进行制动时，要将按钮 SB1 按到底才能实现。

三、元器件明细表

表 2-6-1 是图 2-6-1 所示电路元器件明细表。

表 2-6-1　元器件明细表

代　　号	名　　称	型　　号	规　　格	数　量
M	三相异步电动机	Y－112M－4	4kW、380V、三角形连接、8.8A、1440r/min	1
QS	组合开关	HZ10－25/3	三极额定电流 25A	1
FU1	螺旋式熔断器	RL1－60/25	500V、60A、配熔体额定电流 25A	3

代　号	名　称	型　号	规　格	数量
FU2	螺旋式熔断器	RL1－15/2	500V、15A 配熔体额定电流2A	2
KM1～KM3	交流接触器	CJ10－20	20A、线圈电压380V	3
FR	热继电器	JR16－20/3	三极、20A、热元件11A、整定在8.8A	1
KT	时间继电器	JS7－2A	线圈电压380V	1
R	制动电阻		0.5Ω、50W外接电阻	1
V	整流二极管	2CZ30	30A、600V	1
SB1～SB3	按钮	LA10－3H	保护式、按钮数3	1
XT	接线端子板	TD15－10	15A、10位	2

四、评分表

评分表的栏目设置如表2-6-2所示。

表2-6-2　评分表

检测项目		配　分	评分标准	扣分	得分
元件安装 （10分）	布置合理	4	元件布置不合理扣2分		
	排列整齐	3	元件排列不整齐扣2分		
	安装可靠	3	元件安装不牢固一处扣1分		
	元件损坏		损坏元件倒扣2分		
线路安装 （60分）	导线选配	5	导线选配不当一处扣1分		
	线路布局	10	布线不合理每处扣2分		
	走线美观	10	走线不横平竖直、有交叉等每处扣2分		
	接线规范	10	导线露铜过长、压绝缘层、绕向不正确等每处扣2分		
	按图编码	10	错、漏一处扣2分		
	电路正确	15	错线、漏线一处扣5分		
通电调试		20	通电检测不成功扣20分		
文明安全		10	每违反安全操作规程一次扣5分		
时间			270min		
开始时间			结束时间	总分	

题目七

⤶ 工作台自动往返控制线路安装

一、电路图

工作台自动往返控制电路如图 2-7-1 所示。

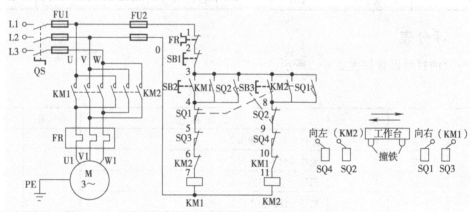

图 2-7-1 工作台自动往返控制电气原理图

本电路所用的组合开关、熔断器、接触器、按钮、热继电器等低压电器见主教材项目五中的任务 2。这里仅对行程开关作一介绍。

行程开关又称位置开关或限位开关，它的作用与按钮相同，是利用生产设备的某些运动部件的机械位移而碰撞操作头，使其触点产生动作，从而将机械信号转换成电信号，控制接通和断开其他控制电路，以实现机械运动和电气控制的要求。如图 2-7-2 为某工作台自动往返时运动部件与行程开关的操作头碰撞的情形。

（a）自动往返的工作台

（b）机械装置碰撞行程开关

图 2-7-2 自动往返的工作台实例

（1）用途

通常用于限制机械运动的位置或行程，使运动机械实现自动停止、反向运动、自由往返运动、变速运动等控制要求。

（2）结构

图 2-7-3 所示为一组行程开关的实物图、内部结构及电气符号。

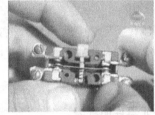

图 2-7-3　常见的行程开关实物图及电气符号

（3）选用

行程开关的种类很多，以运动形式分，直动式（又称按钮式）和转动式（又称滚轮式）；以触点性质分，有触点和无触点。

当机械运动速度很慢，且被控制电路中电流又较大时，可选用快速动作的位置开关；如果被控制的回路很多，又不易安装时，可选用带有凸轮的转动式位置开关；要求工作频率很高，可靠性也较高的场合，可选用晶体管式的无触点位置开关。

二、工作原理

按下 SB2→KM1 线圈得电→┌─KM1 自锁触点闭合自锁→电动机 M 正转→
　　　　　　　　　　　　├─KM1 主触点闭合─
　　　　　　　　　　　　└─KM1 联锁触点分断对 KM2 联锁

→工作台右移→至限定位置 1 撞铁碰 SQ1→

┌─SQ1 常闭触点先分断→KM1 线圈失电→┌─KM1 自锁触点分断─→①
│　　　　　　　　　　　　　　　　　├─KM1 主触点分断
│　　　　　　　　　　　　　　　　　└─KM1 联锁触点恢复闭合─→②
└─SQ1 常开触点后闭合─

①→电动机停止正转，工作台停止右移

②→KM2 线圈得电→┬→KM2 自锁触点闭合自锁→┐→电动机 M 反转→
　　　　　　　　├→KM2 主触点闭合　　　　　┘
　　　　　　　　└→KM2 联锁触点分断，对 KM1 联锁

→工作台左移（SQ1 触点复位）→至限定位置 2 撞铁碰 SQ2→

→┬→SQ2 常闭触点先分断→KM2 线圈失电→┬→KM2 自锁触点分断→③
　│　　　　　　　　　　　　　　　　　├→KM2 主触点分断
　│　　　　　　　　　　　　　　　　　└→KM2 联锁触点恢复闭合→④
　└→SQ2 常开触点后闭合───────────────────┘

③→电动机停止反转，工作台停止左移

④→KM1 线圈得电→┬→KM1 自锁触点闭合自锁→电动机 M 又正转→
　　　　　　　　├→KM1 主触点闭合
　　　　　　　　└→KM1 联锁触点分断对 KM2 联锁

→工作台又右移（SQ2 触点复位）→……

说明：SQ3、SQ4 用于位置终端保护，若 SQ1 或 SQ2 失灵，工作台一旦碰撞到 SQ3 或 SQ4，则会使相应转向控制的 KM1 功 KM2 线圈断电，从而使电动机停车。

三、元器件明细表

表 2-7-1 是图 2-7-1 所示电路元器件明细表。

表 2-7-1　元器件明细表

代　号	名　　称	型　　号	规　　格	数　量
M	三相异步电动机	Y-112M-4	4kW、380V、三角形连接、8.8A、1440r/min	1
QS	组合开关	HZ10-25/3	三极额定电流 25A	1
FU1	螺旋式熔断器	RL1-60/25	500V、60A、配熔体额定电流 25A	3
FU2	螺旋式熔断器	RL1-15/2	500V、15A、配熔体额定电流 2A	2
KM1、KM2	交流接触器	CJ10-20	20A、线圈电压 380V	2
FR	热继电器	JR16-20/3	三极、20A、热元件 11A、整定在 8.8A	1
SB1～SB3	按钮	LA10-3H	保护式、按钮数 3	1
SQ1～SQ4	位置开关	JLXK1-111	单轮旋转式	4
XT	接线端子板	TD15-10	15A、10 位	2

四、评分表

评分表的栏目设置如表 2-7-2 所示。

表 2-7-2　评分表

检测项目		配　分	评 分 标 准	扣　分	得　分
元件安装（10分）	布置合理	4	元件布置不合理扣 2 分		
	排列整齐	3	元件排列不整齐扣 2 分		

检测项目		配 分	评 分 标 准	扣 分	得 分
线路安装（60分）	安装可靠	3	元件安装不牢固一处扣1分		
	元件损坏		损坏元件倒扣2分		
	导线选配	5	导线选配不当一处扣1分		
	线路布局	10	布线不合理每处扣2分		
	走线美观	10	走线不横平竖直、有交叉等每处扣2分		
	接线规范	10	导线露铜过长、压绝缘层、绕向不正确等每处扣2分		
	按图编码	10	错、漏一处扣2分		
	电路正确	15	错线、漏线一处扣5分		
通电调试		20	通电检测不成功扣20分		
文明安全		10	每违反安全操作规程一次扣5分		
时间			270min		
开始时间			结束时间	总分	

第三部分 维修电工中高级工拓展训练

训练一

🔙 车床故障检修与排除

📘 工作任务及目标

1. 熟悉车床的用途及主要运动形式。
2. 明确车床电力拖动工艺流程及控制要求。
3. 会分析电气原理图。
4. 会根据故障现象分析故障范围，根据排故工艺流程排除故障。

🐾 相关知识

1. 了解车床对电力拖动的控制要求

具体见本书第一部分项目七 CA6140 型车床的电气测绘。

2. 电路原理图分析

CA6140 车床模拟电路如图 3-1-1 所示。本电路中所有低压电器请见本书第一部分项目七。

（1）电源部分

① 总电源的引入

合上组合开关 QS1，引入电源；FU1 作为总电路的短路保护；FU2 作为冷却泵电动机 M2、快速移动电动机 M3、控制变压器 TC 一次绕组的短路保护。

② 控制回路及辅助电路的电源

由 TC（控制变压器）二次绕组输出 110V、24V、6V 电压分别供给机床控制电路、照明电路、指示电路。FU3～FU5 为各自回路提供短路保护。

（2）主电路部分

主电路有三台电动机，均为正转控制。

① 主轴电动机 M1

由交流接触器 KM1 控制，主轴电动机 M1 为长动控制，设有过载保护。

② 刀架快速移动电动机 M3

由中间继电器 KA2 控制，刀架快速移动电动机 M3 为点动控制。

③ 冷却泵电动机 M2

由中间继电器 KA1 控制，当主轴电动机 M1 起动后，转动旋转开关 SA1，冷却泵电动机才能工作，即输送切削冷却液；冷却泵电动机 M2 也为长动控制，设有过载保护。

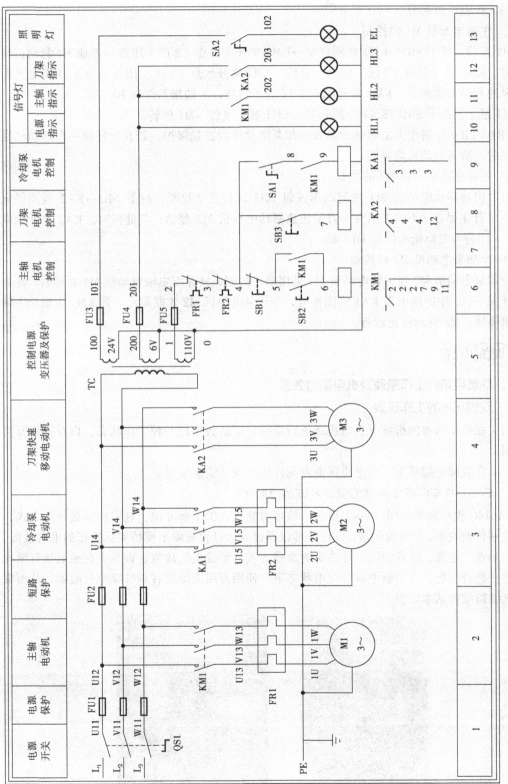

图3-1-1 CA6140车床模拟电路原理图

（3）控制电路部分

① 主轴电动机 M1 的控制

M1 起动：按下 SB2→KM1 线圈得电→KM1 常开主触点（2 区）闭合→主轴 M1 起动；与此同时，KM1 常开触点（7 区）闭合→自锁，KM1 常开触点（9 区）闭合→为 KA1 得电（即冷却泵的起动）作准备，KM1 常开触点（11 区）闭合，主轴指示灯亮 HL2 亮。

M1 停止：按下 SB1→KM1 线圈失电，KM1 触点复位→M1 停转。

FR1、FR2 分别作为主轴电动机和冷却泵电动机的过载保护，若其中任何一台电动机发生过载时，所有电动机均停转。

② 快速移动电动机 M3 的控制

刀架快速移动电动机 M3 的起动由按钮 SB3 进行点动控制，按下 SB3→KA2 线圈得电→KA2 常开主触点（4 区）闭合→刀架快速移动电动机 M3 起动；与此同时，KA2 常开触点（12 区）闭合→刀架指示灯亮 HL3 亮。

③ 冷却泵电动机 M2 的控制

冷却泵电动机 M2 与主轴电动机 M1 采用顺序控制，只有当主轴电动机 M1 起动后，转动旋转开关 SA1，中间继电器 KA1 线圈得电，冷却泵电动机 M2 才能起动。若 KM1 失电，主轴电动机停转，M2 自动停止运行。

训练内容

1. 熟悉电路的工作原理及机电配合关系

2. 观察正常的工作现象

（1）在操作师傅的指导下，对机床进行操作，了解机床的各种工作状态，以及操作开关的作用。

（2）在教师的指导下，熟悉机床电器元件的布局及安装情况。

3. CA6140 车床模拟装置的安装与试运行操作

CA6140 模拟装置如图 3-1-2 所示。该模拟装置提供了全方位、真实的排故训练方式，既能达到预期效果，又极为经济。该设备可以通过人为设置故障来模仿实际机床的电气故障，采用"触点"绝缘、设置假线、导线头绝缘等方式，形成电气故障。训练者在通电运行明确故障后，进行分析，在切断电源、无电状态下，使用万用表检测直至排除电气故障，从而掌握电气线路维修基本要领。

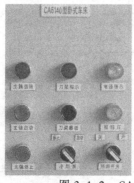

图 3-1-2　CA6140 车床模拟控制装置

（1）准备工作

① 查看各电器元件上的接线是否紧固，各熔断器是否安装良好。

② 独立安装好接地线，设备下方垫好绝缘垫，将各开关置分断位置。

③ 在插上三相电源。

（2）操作试运行

① 插上电源后，各开关均应置分断位置。

② 操作时用力不要过大，速度不宜过快；操作频率不宜过于频繁。

③ 操作顺序见表 3-1-1（参考图 3-1-1）。

表 3-1-1　CA6140 车床操作正常运行现象观察

顺　序	项　目	操　作	正　常　现　象
1	接通电源	合上 QS1	电源指示灯 HL1 亮
2	开启照明灯	接通 SA2	EL 亮
3	主轴电动机起动	按下 SB2	KM1 吸合，M1 运转，主轴指示灯 HL2 灯亮
	主轴电动机停止	按下 SB1	KM1 失电，M1 停转，主轴指示灯 HL2 灯灭
4	冷却泵起动	在主轴电动机起动后，闭合开关 SA1（顺时针旋转）	KA1 吸合，M2 运转
	冷却泵停止	断开开关 SA1（逆时针旋转）	KA1 失电，M2 停转
5	刀架电动机起动	按下 SB3	KA2 吸合，M3 运转，刀架指示灯亮
	刀架电动机停止	松开 SB3	KA2 失电，M3 停转，刀架指示灯灭
6	电机过载测试	按下 FR1、FR2 过载测试按钮	运转电机全部停转

4. 排故

（1）故障排除方法及要求：见第一部分项目六。

（2）CA6140 车床电路故障现象分析

CA6140 车床电路实训考核台模拟故障开关如图 3-1-3 所示。此故障开关用于学生刚开始的练习，等学生熟悉机床后再进行人为设置自然故障。CA6140 车床电路考核台开关模拟的故障现象如表 3-1-2 所示。

图 3-1-3　CA6140 车床实训考核台模拟故障开关

表 3-1-2　CA6140 车床开关模拟的故障现象

开 关 序 号	故　障　原　因	故　障　现　象
1	FR1-1U 之间断路	M1 缺相无法起动
2	FR2-2U 之间断路	M1 起动后，M2 缺相无法起动
3	KA2 常开-3U 之间断路	M3 缺相无法起动
4	U14 断路	控制回路失效（整机不得电）
5	0 号线主干线断路	控制回路失效（整机不得电）
6	3 号线断路	按下 SB2、SB3，KM1、KA2 均不得电

开关序号	故 障 原 因	故 障 现 象
7	201 号线主干线断路	KM1、KA1、KA2 吸合时，信号灯 HL1、HL2、HL3 不亮
8	4 号线（与 SB3 及 SA1 连接线断路）	按下 SB3、顺时针旋转 SA1，KA1、KA2 均不吸合
9	6 号线（与 KM1 连接线断路）	按下主轴起动按钮，KM1 不吸合
10	4-7 间短路	KA2 自行吸合，刀架电动机 M2 自行起动
11	4-8 间短路	按下主轴起动按钮后，冷却泵电机也随之自行起动
12	9 号线断路	KA1 不得电

（3）故障分析过程举例

CA6140 车床实际常见的故障有：电动机不能起动或停车、电动机缺相（二相）运行、连续运行电动机不能自锁、电动机在正常运转中自动停转、接通电源时熔体立刻熔断、按下按钮时熔体立刻熔断、接通电源时电动机自行起动、照明灯或信号灯不亮或不熄等。

例如，电动机不能起动，若接触器不吸合，可能原因是控制电路或主电路有断线，检查时应先看控制电路，若接触器吸合，再检查主电路，看是否有断线。再如合上电源后电动机自起动，可能原因是控制电路中的起动按钮两端有短路或主电路接触器主触点有熔焊。可先检查控制电路，看按下停止按钮有无反应，若有反应，则说明起动按钮两端可能有短接或触点熔焊；若无反应，则可能是主电路中的主触点有熔焊；又如电动机运行中出现自动停机，可能原因是热继电器 1 常闭触点动断。

设故障现象为"整机不得电"，分析故障范围：U11-FU1-U12-FU2-U14-TC-V14-FU2-V12-FU1-V11，0。

检查时，先测 U11-V11 电阻，判断故障是出现在变压器一次绕组还是二次绕组。若故障出现在变压器二次绕组，由于 0 号线有多根，还需要进一步检测判断，经过仔细检查或测量，就能很快找出故障点。

（4）填写电路故障分析表

填写电路故障分析表 3-1-3。

表 3-1-3 故障分析

类　　别	主要现象	其他现象	故障范围	处理方法
电动机不能起动或停车	M1、M2、M3 都不能起动	EL 灯亮		
		EL 灯不亮		
	M1 不能起动	接触器不得电		
		接触器得电		
	M2 不能起动	接触器不得电		
		接触器得电		
	M3 不能起动	接触器不得电		
		接触器得电		
	M1 不能停车			
电动机缺相（二相）运行	M1			
	M2			
	M3			

类　别	主要现象	其他现象	故障范围	处理方法
连续运行电动机不能自锁	M1			
电动机起动运转后，自动停转	M1			
	M2			
接通电源，熔体立刻熔断	FU1 断			
	FU2 断			
	FU3 断			
	FU4 断			
	FU5 断			
按下按钮时，熔体立刻熔断	按下 SB2	FU5 断		
	按下 SB3	FU5 断		
接通电源时，电动机自行起动	M1	按 SB1 有反应		
		按 SB1 没反应		
	M2	随 M1 自起动		
	M3			
照明灯或信号灯不亮或不熄	EL	不亮		
		不熄		
	HL	不亮		

✎ 故障排除考核

评分项目	评　分　标　准	自评	小组评	教师评	得分
设备正确操作熟练程度（20分）	（1）熟练操作被排故设备 20 分				
	（2）较熟练操作被排故设备 16 分				
	（3）操作排故设备不熟练 12 分				
	（4）基本不会操作被排故设备 0～8 分				
设备图纸及各电器布局熟练程度（20分）	（1）对设备图纸与电器布局能完全对号 16～20 分				
	（2）对设备图纸与电器布局一般熟悉 12～16 分				
	（3）对设备图纸与电器布局不太熟悉或完全不熟悉 0～12 分				
故障所在范围判断到位程度（20分）	（1）故障范围判断迅速 16～20 分				
	（2）故障范围判断过大或过小 10～16 分				
	（3）故障点不在判断故障范围内 0～10 分				
故障排除能力（30分）	按设故障点难易、数量分配分数				
	（1）排故流程正确，能迅速找到故障并能排除 25～30 分				
	（2）排故流程正确，故障点查找困难 20～25 分				
	（3）排故流程基本正确，没有找到故障点但基本分析到位 10～20 分				
	（4）排故流程错误，找不到故障 0～10 分				

评分项目	评 分 标 准	自评	小组评	教师评	得分
仪器及工具使用 （10分）	（1）能熟练使用仪表工具，得 8～10 分				
	（2）能使用仪表工具，得 5～8 分				
	（3）使用仪表工具不熟练，得 3～5 分				
安全、文明操作	（1）万用表损坏总分扣 20 分				
	（2）不穿电工鞋总分扣 5 分				
	（3）引起接地、短路触电故障总分扣 20～40 分				
考核时间： 40 min	每超时 1 min 扣 1 分				
考核日期	考核人签名				

以下由检修人员填写：

故障现象

检修分析

检修步骤

故障部位

万能铣床的排故

万能铣床的排故

工作任务及目标

1. 了解铣床的用途、结构及运动形式。
2. 了解铣床电力拖动特点及控制要求。
3. 理解铣床电气控制原理，能说明主要手柄操作与相应开关动作间的关系。
4. 通过原理分析与实物电气操作相结合，进一步掌握电气排故的技巧。

相关知识

1. 了解铣床

（1）铣床用途

在金属削机床中铣床使用数量仅次于车床。X62W 卧式万能铣床是应用最广泛的铣床之一，可以铣平面、铣台阶面、铣键槽、铣燕尾槽、铣齿轮、铣螺纹、铣螺旋槽、铣成形面等，如图 3-2-1（a）所示。

（2）主要结构

由床身、主轴、刀杆、横梁、工作台、回转盘、横溜板和升降台等几部分组成，如图 3-2-1（b）所示。

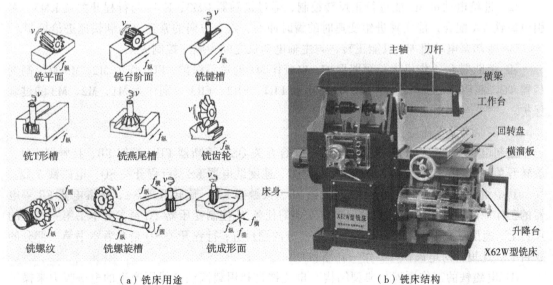

（a）铣床用途　　　　　　　　（b）铣床结构

图 3-2-1　X62W 万能铣床

（3）运动形式

① 主轴转动是由主轴电动机通过弹性联轴器来驱动传动机构，当机构中的一个双联滑动齿轮块啮合时，主轴即可旋转。

② 工作台面的移动是由进给电动机驱动，它通过机械机构使工作台能进行三种形式六个方向的移动，即：工作台面能直接在溜板上部可转动部分的导轨上作纵向（左、右）移动；借助横溜板作横向（前、后）移动；借助升降台作垂直（上、下）移动。

2. 机床对电气线路的主要要求

① 机床要求有三台电动机，分别称为主轴电动机 M1、进给电动机 M2 和冷却泵电动机 M3。

② 由于加工时有顺铣和逆铣两种，所以要求主轴电动机能正反转及在变速时能瞬时冲动一下，以利于齿轮的啮合，并要求能制动停车和实现两地控制，以提高工作效率。

③ 工作台的三种运动形式、六个方向的移动是依靠机械的方法来达到的，对进给电动机要求能正反转，且要求纵向、横向、垂直三种运动形式相互间应有联锁，以确保操作安全。同时要求工作台进给变速时，电动机也能瞬间冲动、快速进给、两地控制等。

④ 冷却泵电动机只要求正转。

⑤ 进给电动机、冷却泵电动机与主轴电动机均需实现顺序控制，即主轴工作后才能进行进给和冷却。

3. 电气控制线路分析

铣床电路图如图 3-2-2 所示。它由主电路 、控制电路和照明电路三部分组成。

1）主电路

有三台电动机：M1 是主轴电动机；M2 是进给电动机；M3 是冷却泵电动机。

① 主轴电动机 M1 通过换相开关 SA4 与接触器 KM1 配合，能进行正反转控制，而与接触器 KM2、制动电阻器 R 及速度继电器的配合，能实现串电阻瞬时冲动和正反转反接制动控制，并能通过机械进行变速。

② 进给电动机 M2 能进行正反转控制，通过接触器 KM3、KM4 与行程开关及 KM5、牵引电磁铁 YA 配合，能实现进给变速时的瞬时冲动、六个方向的常速进给和快速进给控制。

③ 冷却泵电动机 M3 只能正转，与主轴电动机之间为顺序控制关系。

④ 熔断器 FU1 作机床总短路保护，也兼作 M1 的短路保护；FU2 作为 M2、M3 及控制变压器 TC、照明灯 EL 的短路保护；热继电器 FR1、FR2、FR3 分别作为 M1、M2、M3 的过载保护。

2）控制电路低压电器

控制电路中设有以下低压控制电器：组合开关 QS、熔断器 FU、按钮 SB、接触器 KM、旋转开关 SA、热继电器 FR、控制变压器 TC、速度继电器 KS、行程开关 SQ，电磁铁 YA。

其中组合开关 QS、熔断器 FU、按钮 SB、接触器 KM、旋转开关 SA、热继电器 FR 等电器的工作原理及选用请参看主教材项目五中的任务 2；控制变压器 TC 请参看本书第一部分的项目七，速度继电器 KS 请参看本书第二部分的题目五；行程开关 SQ 请参看本书第二部分的题目七。这里再对电磁铁 YA 作一介绍。

① 电磁铁的工作原理与典型结构　电磁铁是利用载流铁芯线圈产生的电磁吸力来操纵机械装置，以完成预期动作的一种电器。它是将电能转换为机械能的一种电磁元件。

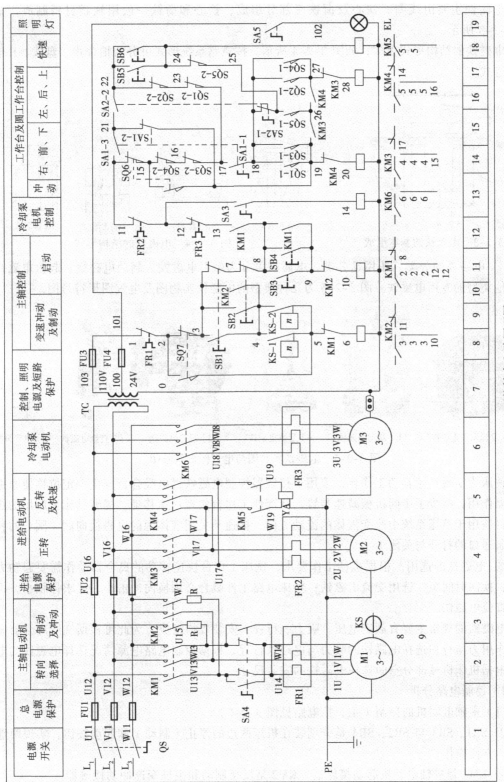

图3-2-2 X62W万能铣床电路原理图

电磁铁主要由线圈、铁心及衔铁三部分组成，铁心和衔铁一般用软磁材料制成，如图 3-2-3 所示。

电磁铁的结构形式很多，如图 3-2-4 所示。按磁路系统形式可分为拍合式、盘式、E 形和螺管式。

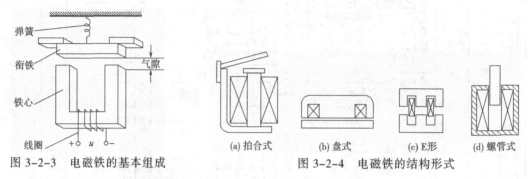

图 3-2-3 电磁铁的基本组成   图 3-2-4 电磁铁的结构形式

② 电磁铁的分类　按用途分类，电磁铁可分为牵引电磁铁、制动电磁铁、起重电磁铁及其他类型的专用电磁铁。图 3-2-5 为几种典型的电磁铁实物图及电气图形符号图。

（a）交流牵引电磁铁　（b）制动电磁铁　（c）起重电磁铁　（d）释能电磁铁　（e）直流电磁铁　（f）电气符号

图 3-2-5 电磁铁实物图与电气图形符号图

铣床为实现快速移动工作台，采用了接触器控制电磁铁得电吸合，产生一定位移使摩擦离合器作用，减少了中间机械减速装置，从而使工作台实现快速移动。摇臂钻床上所用的阀用电磁铁用于液压系统中改变液体的流动方向，接通及关闭液体源的电磁换向阀（阀心的移动控制通口的打开与关闭）。

③ 电磁铁的选用　根据机械工作要求，铣床工作台快速移动的离合器动作需要起动力较大，换向时间短，选用交流电磁铁；磨床电路工件吸合必须换向冲击小，要求体积小，可选用直流电磁铁。

电磁铁的规格主要有额定电压、吸力、行程、安装规格组成，为此可根据铣床离合器需要的作用力与行程选择电磁铁的吸力与电磁铁行程，根据控制电路电源情况选择电磁铁的电源，根据机床机械部分空间选择电磁铁的安装尺寸。

3）控制电路分析

（1）主轴电动机的控制（主、控电路见图 3-2-6）。

① SB1、SB3 与 SB2、SB4 是分别装在机床两边的停止（制动）和起动按钮，实现两地控制，方便操作。

② KM1 是主轴电动机起动接触器，KM2 是反接制动和主轴变速冲动接触器。

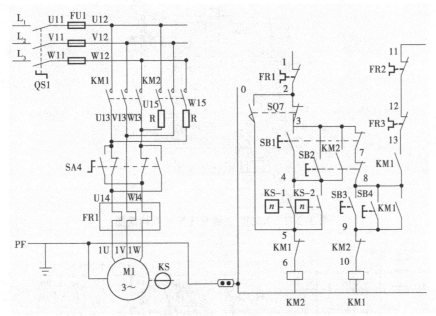

图 3-2-6　铣床主轴电机主、控电路

③ SQ7 是与主轴变速手柄联动的瞬时动作行程开关。

④ 主轴电动机起动时，要先将 SA4 扳到主轴电动机所需要的旋转方向，然后再按起动按钮 SB3 或 SB4 起动电动机 M1。

⑤ M1 起动后，速度继电器 KS 的一副常开触点闭合，为主轴电动机的停转制动作好准备。

⑥ 停车时，按停止按钮 SB1 或 SB2，切断 KM1 电路，接通 KM2 电路，改变 M1 的电源相序进行串电阻反接制动。当 M1 的转速低于 120r/min 时，速度继电器 KS 的一副常开触点恢复断开，切断 KM2 电路，M1 停转，制动结束。

据以上分析可写出主轴电机转动（即按 SB3 或 SB4）时控制线路的通路：1-2-3-7-8-9-10-KM1 线圈-0；主轴停止与反接制动（即按 SB1 或 SB2）时的通路：1-2-3-4-5-6-KM2 线圈-0。

⑦ 主轴电动机变速时的瞬动（冲动）控制，是利用变速手柄与冲动行程开关 SQ7 通过机械上联动机构进行控制的。图 3-2-7 是 X62W 主轴变速操纵机构简图。变速时，拉出变速手柄顺时针转动，一方面扇形齿轮带动齿条、拨叉，使变速孔盘移出；另一方面，与扇形齿轮同轴的凸轮触动变速冲动开关 SQ7，SQ7 的常闭触点先断开，由图 3-2-6 可知，切断了 KM1 线圈的电路，电动机 M1 断电，SQ7 的常开触点后接通，KM2 线圈得电动作，M1 被反接制动。此时，转动变速数字盘至所需要的转速，再迅速将变速手柄推回原处，凸轮又触动一下 SQ7，使 SQ7 恢复原位。

（2）工作台进给电动机的控制（主、控电路见图 3-2-8）。

工作台的纵向、横向和垂直运动都由进给电动机 M2 驱动，接触器 KM3 和 KM4 使 M2 实现正反转，用以改变进给运动方向。

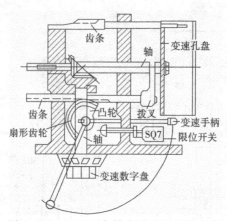

图 3-2-7　X62W 主轴变速操纵机构简图

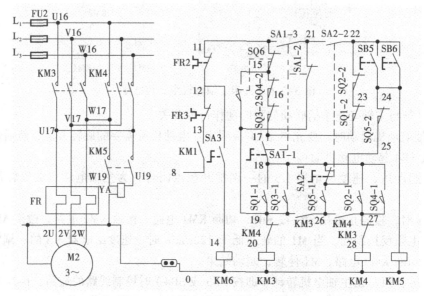

图 3-2-8　铣床进给电机主、控电路

工作台的纵向运动，由一字型的纵向进给手柄控制。手柄有三个位置：向左、向右、中间（零位）。当手柄扳到向右或向左运动方向时，手柄的联动机构压下行程开关 SQ1 或 SQ2，使接触器 KM3 或 KM4 动作。

工作台的垂直和横向运动，由十字型的垂直和横向进给复合手柄控制。手柄有五个位置：向上、向下、向前、向后、中间（零位），手柄的联动机械一方面可以压下行程开关 SQ3 或 SQ4，同时能接通垂直或横向进给离合器。当操作手柄都在中间位置时，各行程开关都处于未压的原始状态。图 3-2-9 为十字形操纵手柄。

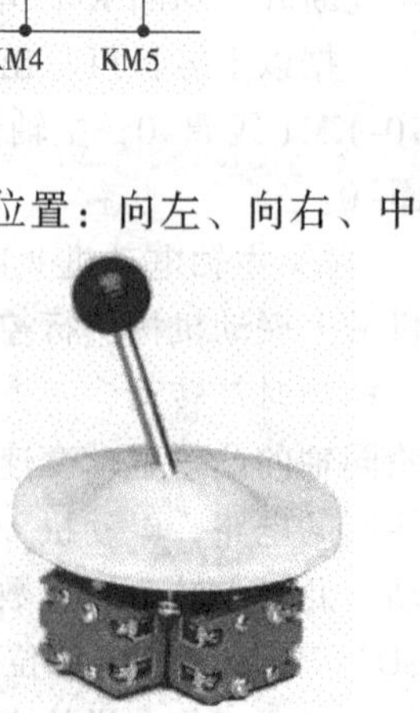

图 3-2-9　十字形操纵手柄

起动工作台电机 M2 之前先接通电源并作如下准备（见表 3-2-1），然后起动 M1，这时接触器 KM1 吸合，使 KM1（8-13）闭合，就可进行工作台的进给控制。

表 3-2-1　工作台手动进给控制方式下组合开关的位置

圆工作台组合开关 SA1	断开	与图 2-1-5 所示状态相反	SA1-1（17-18）闭合 SA1-3（11-21）闭合 SA1-2（19-21）断开
工作台组合开关 SA2	手动	与图 2-1-5 所示状态相反	SA2-1（18-25）断开 SA2-2（21-22）闭合

① 工作台纵向（左右）运动的控制，工作台的纵向运动由复式纵向操纵手柄来控制，可异地操作。手柄有三个位置：向左、向右、零位。当手柄扳到向右或向左方向时，手柄的联动机构压下行程 SQ1 或 SQ2，使接触器 KM3 或 KM4 动作，控制进给电动机 M2 的正、反转。工作台左右运动的行程，可通过调整安装在工作台两端的撞铁位置来实现。当工作台纵向运动到极限位置时，撞铁撞动纵向操纵手柄，使它回到零位，M2 停转，工作台停止运动，从而实现了纵向终端保护。

工作台向左运动：在 M1 起动后，将纵向操作手柄扳至向左位置，一方面机械接通纵向离合器，同时在电气上压下 SQ2，使 SQ2-2 断，SQ2-1 通，而其他控制进给运动的行程开关都处于原始位置，此时使 KM4 吸合，M2 反转，工作台向左进给运动。其通路为：11-15-16-17-18-27-28-KM4 线圈-0。

工作台向右运动：当纵向操纵手柄扳至向右位置时，机械上仍然接通纵向进给离合器，但却压动了行程开关 SQ1，使 SQ1-2 断，SQ1-1 通，使 KM3 吸合，M2 正转，工作台向右进给运动。其通路为：11-15-16-17-18-19-20-KM3 线圈-0。

② 工作台垂直（上下）和横向（前后）运动的控制：工作台的垂直和横向运动，由垂直和横向进给手柄操纵。此手柄也是复式的，有两个完全相同的手柄可异地操作。手柄的联动机械一方面压下行程开关 SQ3 或 SQ4，同时能接通垂直或横向进给离合器。操纵手柄有五个位置（上、下、前、后、中间），五个位置是联锁的，工作台的上下和前后的终端保护是利用装在床身导轨旁与工作台座上的撞铁，将操纵十字手柄撞到中间位置，使 M2 断电停转。

工作台向前（或向下）运动的控制：将十字操纵手柄扳至向前（或向下）位置时，机械上接通横向进给（或垂直进给）离合器，同时压下 SQ3，使 SQ3-2 分断，SQ3-1 接通，使 KM3 吸合，M2 正转，工作台向前（或者向下）运动。其通路为：11-21-22-23-17-18-19-20-KM3 线圈-0。

工作台向后（或向上）运动的控制：将十字操纵手柄扳至向后（或向上）位置时，机械上接通横向进给（或垂直进给）离合器，同时压下 SQ4，使 SQ4-2 分断，SQ4-1 接通，使 KM4 吸合，M2 反转，工作台向后（或向上）运动。其通路为：11-21-22-23-17-18-27-28-KM4 线圈-0。

③ 进给电动机变速时的瞬动（冲动）控制：变速时，为使齿轮易于啮合，进给变速与主轴变速一样，设有变速冲动环节。当需要进行进给变速时，应将转速盘的蘑菇形手轮向外拉出并转动转速盘，把所需进给量的标尺数字对准箭头，然后再把蘑菇形手轮用力向外拉到极限位置并随即推向原位，就在一次操纵手轮的同时，其连杆机构二次瞬时压下行程开关 SQ6，使 KM3 瞬时吸合，M2 作正向瞬动。其瞬时通路为：11-21-22-23-17-16-15-19-20-KM3 线圈-0，由于进给变速瞬时冲动的通电回路要经过 SQ1-SQ4 四个行程开关的常闭触点。因此，只有当进给运动的操作手柄都在中间（停止）位置时，才能实现进给变速冲动控制，以保证

操作时的安全。同时，与主轴变速时冲动控制一样，电动机的通电时间不能太长，以防止转速过高，在变速时打坏齿轮。

④ 工作台的快速进给控制：为提高劳动生产率，要求铣床在不作铣切加工时，工作台能快速移动。工作台快速进给也是由进给电动机 M2 来驱动，在纵向、横向和垂直三种运动形式六个方向上都可以实现手动快速进给和自动快速进给控制。

手动快速进给：主轴电动机起动后，将进给操纵手柄扳到所需位置，工作台按照选定的方向作常速进给移动时，再按下快速进给按钮 SB5（或 SB6），使接触器 KM5 通电吸合，接通牵引电磁铁 YA，电磁铁通过杠杆使摩擦离合器合上，减少中间传动装置，使工作台按运动方向作快速进给运动。当松开快速进给按钮时，电磁铁 YA 断电，摩擦离合器断开，快速进给运动停止，工作台仍按常速进给。

自动快速进给：将工作台组合开关 SA2 扳到自动位置，即与图 3-2-8 状态相符，SA2-1（18-25）闭合、SA2-2（21-22）断开。电路通路为：11-15-16-17-18-25-24-KM5 线圈-0，接触器 KM5 通电吸合，接通牵引电磁铁 YA；要想恢复原速，只需拨动 SQ5，电磁铁 KM5 断电。

（3）圆工作台运动的控制

铣床如需铣切螺旋槽、弧形槽等曲线时，可在工作台上安装圆形工作台及其传动机械，圆形工作台的回转运动也是由进给电动机 M2 传动机构驱动的。

圆工作台工作前，除了将进给操作手柄都扳到中间（停止）位置，还应作如下准备，如表 3-2-2 所示。

表 3-2-2　圆工作台控制方式下组合开关的位置

| 圆工作台组合开关 SA1 | 接通 | 与图 2-1-5 所示状态相同 | SA1-1（17-18）断开
SA1-3（11-21）断开
SA1-2（19-21）闭合 |
| 工作台组合开关 SA2 | 手动 | 与图 2-1-5 所示状态相反 | SA2-1（18-25）断开、SA2-2（21-22）闭合 |

准备就绪后，起动主轴电机，则接触器 KM3 吸合，进给电机 M2 起动并运转，此时进给电动机仅以正转方向带动圆工作台作定向回转运动。其通路为：11-15-16-17-23-22-21-19-20-KM3 线圈-0。

由此电路可知，圆工作台与工作台进给有互锁，即当圆工作台工作时，不允许工作台在纵向、横向、垂直方向上有任何运动。若误操作而扳动进给运动操纵手柄（即压下 SQ1～SQ4、SQ6 中的任一个），M2 即停转。另外，圆工作台不能反转，只能定向作回转运动。

训练内容

1. 熟悉电路的工作原理及机电配合关系

2. 观察正常的工作现象

铣床的操作较复杂，因此首先要会综合观察正常的运行情况，才能分析排除电气故障。

① 在操作师傅的指导下，对机床进行操作，了解机床的各种工作状态，以及操作手柄的作用。

② 在教师的指导下，熟悉机床电器元件的布局及安装情况，以及操作手柄处于不同位置时，行程开关对应位置。

3. X62W万能铣床模拟装置的安装与试运行操作

X62W万能铣床模拟控制装置如图3-2-10所示。该模拟装置提供了全方位、真实的排故训练方式，既能达到预期效果，又极为经济。该设备可以通过人为设置故障来模仿实际机床的电气故障，采用"触点"绝缘、设置假线、导线头绝缘等方式，形成电气故障。训练者在通电运行全面观察现象后，进行故障分析，明确故障范围。在切断电源，无电状态下，使用万用表电阻挡检测，直至排除电气故障，个别故障点在断电状态无法判别，也可在教师指导下，在通电状态下，使用万用表电压挡检测，从而掌握电气线路维修基本要领。

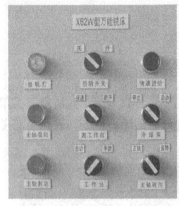

图 3-2-10　X62W万能铣床模拟控制装置

（1）准备工作

① 查看各电器元件上的接线是否紧固，各熔断器是否安装良好。

② 独立安装好接地线，设备下方垫好绝缘垫，将各开关置分断位置。

③ 插上三相电源。

（2）操作试运行

① 插上电源后，各开关均应置分断位置。

② 操作时用力不要过大，速度不宜过快；操作频率不宜过于频繁。

③ 操作顺序如表3-2-3所示（参考电路图3-2-2）。

表 3-2-3　铣床正常运行现象观察

顺序	主项目	分项目	操　作	正　常　现　象
1	照明电路		接通（顺时针旋）SA5	EL亮
2	主轴（先选择SA4转向开关）	主轴起动	按下SB3或SB4	M1转动，接触器KM1动作并自锁
		主轴制动	按下SB1或SB2	接触器KM2先动后断
		变速冲动	扳SQ7并迅速复位	接触器KM2先动后断
3	冷却泵		在M1起动后，接通（顺时针旋）SA3	M3转动、接触器KM6动作，
4	工作台手动（SA1扳至断开位，SA2扳至手动位）	右	扳动SQ1	KM3线圈通电，M2正转
		左	扳动SQ2	KM4线圈通电，M2反转
		前、下	扳动SQ3	KM3线圈通电，M2正转
		后、上	扳动SQ4	KM4线圈通电，M2反转
		变速冲动	扳SQ6并快速复位	接触器KM3先动后停

续表

顺序	主项目	分项目	操　作	正　常　现　象
		快速	起动 M2 后，按 SB5 或 SB6	KM5、YA 得电，松手后 KM5、YA 失电
5	工作台自动	快速	SA1 扳至断开，SA2 扳至自动，起动 M2	KM5、YA 动作，扳 SQ5 后 KM5、YA 失电
6	圆工作台		扳 SA1 至接通位，SA2 至手动位，起动 M1	接触器 KM3 得电，M2 正转、(此时工作台全部操作手柄扳在零位)。若 SQ1～SQ4、SQ6 任一动作，则 M2 应停转。

4. 排故

（1）故障排除方法及要求

故障排除方法及要求见本书第一部分项目六。

（2）X62W 铣床电路故障现象分析。

X62W 铣床电路实训考核台模拟故障开关如图 3-2-11 所示，此故障开关用于学生刚开始的排故练习，等学生熟悉机床后再进行人为设置自然故障。X62W 铣床电路考核台模拟的故障开关现象如表 3-2-4 所示。

图 3-2-11　铣床电路实训考核台模拟故障开关

表 3-2-4　X62W 型铣床电路开关模拟的故障现象

开关序号	故　障　原　因	故　障　现　象
1	FR2-2U 之间断路	进给电动机转速低或不能起动，M2 缺相
2	W19-YA 间断路	工作台手动、自动快速进给时 YA 不吸合
3	FU2-TC 间 16 号线断路	整机不工作
4	TC-KM，TC-EL 的 0 号线断路	整机不工作
5	SQ7-KM1 常闭 5 号线断路	控制主轴变速冲动的 KM2 不工作
6	KM1-KM2 线圈间 6 号线断路	控制主轴制动、变速冲动的 KM2 不工作
7	KM2 常开-SB2 常开间断路	控制主轴制动的 KM2 只能点动
8	7 号线断路	控制主轴起动的 KM1 不工作
9	SQ6 常开-19 号线断路	控制工作台变速冲动的 KM3 不工作
10	KM4 常闭-KM3 线圈断路	控制工作台变速冲动、右移、前下和圆工作台的 KM3 不工作
11	18-19 号线线间短路	主轴一起动，控制工作台变速冲动、右移、前、下和圆工作台的 KM3 直接得电
12	SQ1-2-17 号线断路	控制工作台变速冲动、前下、后上和圆工作台的 KM3、KM4 均不工作
13	22 号线断路	控制工作台快速交流接触器 KM5 不得电
14	18-27 号线间短路	主轴一起动，工作台就自行左移或后上运转，控制工作台手动快速交流接触器 KM5 不得电
15	101 号线断路	照明灯不亮

（3）X62W 万能铣床故障分析举例

X62W 万能铣床故障分析举例如表 3-2-5 所示。

表 3-2-5　X62W 万能铣床部分故障与分析

类　别	相关现象	其他现象	故　障　范　围
主轴停车时无制动	主轴能冲动		KS 机械故障、3、4、5 号线
	主轴无冲动	KM2 接触器不得电	KM1 常闭触点、KM2 线圈、5、6、0 号线
		KM2 接触器得电	KM2 主触点、电阻 R、连接至 KM2 主触点及电阻上 U12、V12、U15、W15、V13、W13、U13 号线
按下停止按钮后主轴电机不停转	KM1 不释放		接触器 KM1 主触点熔焊
	M1 能释放，M2 能吸合	但有嗡嗡声或转速过低	反接制动时两相运行
	按下停止按钮正常	放开停止按钮后，电动机又再次自起动	起动按钮 SB3 或 SB4 在起动 M1 后绝缘被击穿
工作台不能做右、前、下进给	工作台无冲动	KM3 接触器吸合	KM3 主触点、连接至 KM3 主触点上 U16、V16、W16、U17、V17、W17 号导线
		KM3 接触器不吸合	KM4 常闭触点、KM3 线圈、19、20、0 号导线
	工作台有冲动		连接至 SQ1-1，SQ3-1 上 18、19 号导线
工作台不能做左右进给	上下前后进给正常	不能冲动	11-SQ6-15-SQ4-2-16-SQ3-2-17，重点检查行程开关 SQ6（易损元件）
		能冲动	11-SQ6-15，及 SQ1-1 和 SQ2-1（SQ1-1 和 SQ2-1 同时损坏的可能性不大）
工作台各个方面都不能进给	有冲动		SA1-1 及 17、18 号线
	没冲动	KM3 不吸合	查控制电路 FR2、11、12 号线、0 号线
		KM3 能吸合	主电路电动机的接线及绕组
工作台不能快速进给	自动和手动均不能	KM5 不吸合	故障在控制电路部分，检查 24-KM5 线圈-0 号线。
		KM5 能吸合，但起动了 M2，YA 不吸合	主电路：U17-KM5-U19-YA-W19-KM5-W17
		KM5 能吸合且 YA 也吸合	故障大多是由于杠杆卡死或离合器摩擦片间隙调整不当引起，应与机修钳工配合进行修理。

设故障现象为"工作台不能作向上进给"。

分析：由于铣床电气线路与机械系统的配合密切和工作台向上进给运动的控制是处于多回路线路之中，因此在检查时，可先依次进行快速进给、进给变速冲动或圆工作台的控制，来逐步缩小故障的范围（一般可从中间环节的控制开始），然后再逐个检查故障范围内的元器件、触点、导线及接点，来查出故障点。在实际检查时，还必须考虑到由于机械磨损或移位使操纵失灵等因素，若发现此类故障原因，应与机修钳工互相配合进行修理。

下面假设故障点在行程开关 SQ4-1，由于安装螺钉松动而移动位置，造成操纵手柄虽然到位，但触点 SQ4-1（18-27）仍不能闭合，观察进给变速冲动现象正常，说明向上进给回路中，线路 11-21-22-23-17 是完好的，再观察向左进给现象正常，又能排除线路 17-

18 和 27 – 28 – 0 存在故障的可能性。这样就将故障的范围缩小到 18 – SQ4–1 – 27 的范围内，再经过仔细检查或测量，就能很快找出故障点。

（4）排故技巧

① 先查故障范围内故障易发处（例如熔断器）或经常容易损坏的零件，最后检测节点或需拆元件，例如 0 号点有 7 根线，再如行程开关检查需要拆卸螺钉。

② 对元器件较多的故障线路一般可以从中间环节的控制开始，然后再逐个检查故障范围内的元器件、触点、导线及接点，来查出故障点。

③ 对于整机不得电，故障可能出现在变压器的一次绕组和二次绕组，宜先检测一次绕组。

（5）填写电路故障分析表

填写电路故障分析表 3-2-6。

表 3-2-6　电路故障分析

故　障　现　象	可　能　原　因	处　理　方　法
整机不能得电		
照明灯不亮		
冷却泵电动机不能运行		
冷却泵电机不受 SA1 控制		
工作台电动机不能运行		
工作台横向进给正常，纵向不能进给		

故障排除考核

评分项目	评　分　标　准	自评	小组评	教师评	得分
设备正确操作熟练程度（20分）	（1）熟练操作被排故设备 20 分				
	（2）较熟练操作被排故设备 16 分				
	（3）操作排故设备不熟练 12 分				
	（4）基本不会操作被排故设备 0~8 分				
设备图纸及各电器布局熟练程度（20分）	（1）对设备图纸与电器布局能完全对号 16~20 分				
	（2）对设备图纸与电器布局一般熟悉 12~16 分				
	（3）对设备图纸与电器布局不太熟悉或完全不熟悉 0~12 分				
故障所在范围判断到位程度（20分）	（1）故障范围判断迅速 16~20 分				
	（2）故障范围判断过大或过小 10~16 分				
	（3）故障点不在判断故障范围内 0~10 分				
故障排除能力（30分）	按设故障点难易、数量分配分数				
	（1）排故流程正确，能迅速找到故障并能排除 25~30 分				
	（2）排故流程正确，故障点查找困难 20~25 分				
	（3）排故流程基本正确，没有找到故障点但基本分析到位 10~20 分				
	（4）排故流程错误，找不到故障 0~10 分				

评分项目	评 分 标 准	自评	小组评	教师评	得分
仪器及 工具使用 （10分）	（1）能熟练使用仪表工具 8～10 分				
	（2）能使用仪表工具 5～8 分				
	（3）使用仪表工具不熟练 3～5 分				
安全、文明 操作	（1）万用表损坏总分扣 20 分				
	（2）不穿电工鞋总分扣 5 分				
	（3）引起接地、短路触电故障总分扣 20～40 分				
考核时间： 40 min	每超时 1 min 扣 1 分				
考核日期	考核人签名				

以下由检修人员填写：

故障现象

检修分析

检修步骤

故障部位

训练三

平面磨床的排故

工作任务及目标

1. 了解平面磨床的用途、结构及运动形式。
2. 了解平面磨床电力拖动特点及控制要求。
3. 理解平面磨床电气控制原理。
4. 通过原理分析与实物电气操作相结合，进一步掌握电气排故的技巧。

相关知识

1. 了解平面磨床

（1）磨床用途

磨床是用砂轮的周面或端面进行加工的精密机床，它不但能加工一般金属材料，而且能加工一般金属刀具难以加工的硬材料（如淬火钢、硬质合金等）。利用磨削加工可以获得较高加工精度和光洁度，而且其加工余量较其他加工方法小得多，所以磨床广泛地应用于零件的精加工。磨床的种类很多，按其工作性质可分为外圆磨床、内圆磨床、平面磨床及一些专用磨床。其中以平面磨床应用最为普遍。

（2）主要结构

主要由床身、立柱、工作台、砂轮架和滑座等几部分组成，如图3-3-1所示。在床身中装有液压系统。磨床固定工件的方法跟其他的机床不一样，是靠电磁吸盘来固定工件，而不是靠机械夹紧装置实现的，电磁吸盘在工作台上。立柱固定在床身上，侧面有垂直导轨，滑座安装在垂直导轨上，砂轮架固定在滑座上。

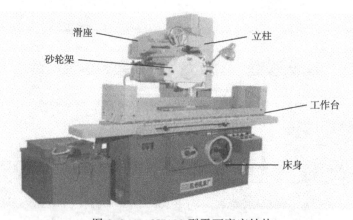

图 3-3-1　M7120型平面磨床结构

（3）运动形式

① 主运动：砂轮的旋转运动，对工件进行磨削加工。

② 进给运动

a. 垂直进给：砂轮架电动机使滑座在立柱导轨上垂直运动，从而调整砂轮架的高度。

b. 横向进给：砂轮架在滑座上的前后运动，可由液压传动，也可用手轮操作。

c. 纵向进给：工作台在床身的水平导轨上做直线往复运动，采用液压传动，换向则靠工作台上的撞块碰撞床身上的液压换向开关来实现。

注意：工作台每往复纵向运动一次（换向），砂轮架便做一次横向进给，当完成整个平面后，砂轮架随滑座沿立柱垂直导轨上垂直进给一次，将工件加工到所需的尺寸。

③ 辅助运动：砂轮架的快速移动，工作台的调整运动，通过手动调整。

2. 机床对电气线路的主要要求

① 机床采用 4 台电动机拖动，其中包括液压泵电动机 M1、砂轮电动机 M2、冷却泵电动机 M3 和砂轮升降电动机 M4。

② 液压泵电动机 M1 只要求能够单方向旋转，利用液压传动装置完成工作台实现纵向进给运动以及实现横向自动进给，并且承担工作台导轨的润滑作用。由于液压传动较平稳，换向时惯性小，并且平稳、无振动，所以能保证加工精度。

③ 砂轮电动机 M2 实现砂轮的旋转运动，要求能够单方向旋转，一般不要求调速，因要求砂轮转速高，通常采用三相笼形异步电动机拖动。同时为提高砂轮主轴的刚度，从而提高磨床加工精度，采用装入式电动机，砂轮可直接装在电动机轴上使用，这样砂轮的轴就是电动机的轴。

④ 冷却泵电动机 M3 要求能单方向旋转，在加工时供给所需的冷却液，减少热变形，另外，在加工过程中冲走磨屑及砂粒，保证加工精度。冷却泵电动机应在砂轮电动机起动后才能起动，不用冷却液时也可单独关断冷却泵电动机。

⑤ 砂轮升降电动机 M4 实现砂轮架电动机使滑座在立柱导轨上垂直进给运动，要求能够实现正反转运动，因为是短时工作（点动），所以不用热继电器实现过载保护。

⑥ 采用电磁吸盘固定加工工件，为防止电磁吸盘吸力不足或吸力消失时，工件被砂轮打飞而发生人身和设备事故，使用欠电压继电器 KV 做电磁吸盘欠压保护。

⑦ 为保证安全生产，电磁吸盘与砂轮电动机、液压泵电动机、冷却泵电动机间应有电气联锁装置，当电磁吸盘不工作或发生故障时，三台电动机均不能起动。

3. 电气控制线路分析

M7120 平面磨床电路图如图 3-3-2 所示。它由主电路、控制电路、信号与照明电路三部分组成。

1）主电路

主电路中共有 4 台电动机，液压泵电动机 M1 由 KM1 控制，砂轮电动机 M2 和冷却泵电动机 M3 都由 KM2 控制，其中冷却泵电动机还受接插器 X1 的影响，当砂轮电动机 M2 起动后，接通 X1，M3 即可运转，拔掉 X1，M3 即可停止。砂轮升降电动机 M4 正转（上升）由 KM3 控制，反转（下降）由 KM4 控制。电源的引入端由 QS1 控制。

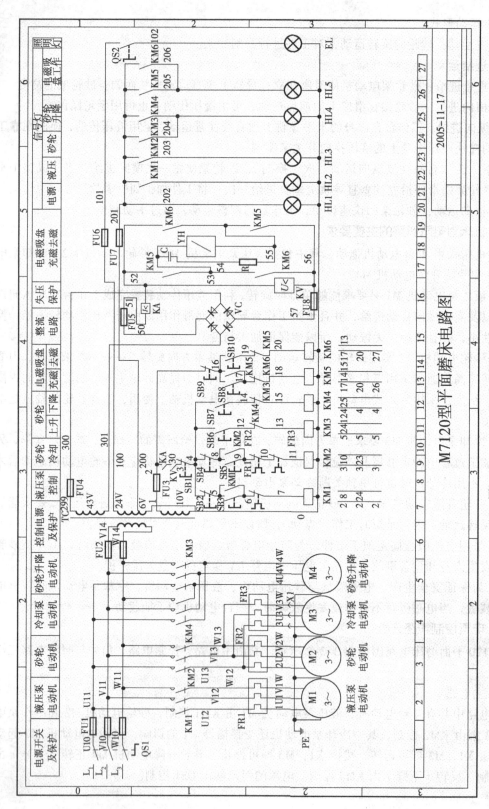

图3-3-2 M7120型平面磨床电路图

2）控制电路低压电器

控制电路中设有以下低压控制电器：组合开关 QS、熔断器 FU、按钮 SB、接触器 KM、热继电器 FR、控制变压器 TC、电磁吸盘 YH、欠电流继电器 KA、欠电压继电器 KV。

其中组合开关 QS、熔断器 FU、按钮 SB、接触器 KM、热继电器 FR 等电器的工作原理及选用请参看主教材项目五中的任务 2；控制变压器 TC 请参看本书第一部分的项目七。这里再对电磁吸盘 YH、欠电流继电器 KA、欠电压继电器 KV 作一介绍。

1）电磁吸盘

① 作用　电磁吸盘用来固定加工工件，与机械夹紧装置相比，优点：夹紧迅速，不损伤工件，可同时固定多个工件，在加工过程中工件发热可以自由伸缩；缺点：必须用直流电源，仅对电磁材料有吸力。

② 构造　如图 3-3-3 所示，外壳包括钢制吸盘体，钢制盖板，中部凸起的心体 A 上绕有线圈，钢制盖板被隔离层分成一些小块。

③ 工作原理　在线圈中通以直流电，心体 A 被磁化，磁通经过钢制盖板 3 、工件 5 、盖板 3 、吸盘体 1 、心体 A 构成闭合回路，工件 5 被牢牢吸住。

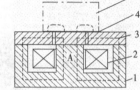

图 3-3-3　电磁吸盘构造
1—钢制吸盘体　2—线圈　3—钢制盖板
4—隔离层　5—工件

2）电流继电器 KA

电流继电器是反映电流变化的继电器，它的吸引线圈匝数少且线径较粗，能通过较大电流，使用时与负载串联。电流继电器主要用于电流保护。例如，电磁吸盘电路中若电流过低时，电磁吸盘吸力不足会导致加工过程中工件飞离吸盘的事故发生。因此，可利用欠电流继电器 KA 进行感测。

电流继电器分为电磁式和电子式，图 3-3-4 为电流继电器实物图和电气符号。

  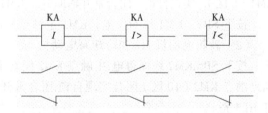

（a）电磁式电流继电器　（b）电子式电流继电器　（c）一般电流继电器　（d）过电流继电器　（e）欠电流继电器

图 3-3-4　电流继电器实物及图形符号

过电流继电器在额定电流下工作时衔铁释放，当电流超过某个额定值时衔铁吸合。

欠电流继电器在额定条件下工作时衔铁吸合，而当电流低于某个额定值时衔铁释放。

即正常电流时欠电流继电器的衔铁是被吸合的，而过电流继电器的衔铁则处于释放。

（3）电压继电器 KV

电压继电器是反映电压变化的继电器，它的吸引线圈匝数多且线径较细，使用时与负载并联。

电压继电器常用于电力拖动系统的电压保护和控制。其线圈并连接入主电路，感测线路电压；触点接于控制电路。按吸合电压的大小，电压继电器可分为过电压继电器和欠电

压继电器。过电压继电器（FV）用于线路的过电压保护，其吸合整定值为被保护线路额定电压 1.05～1.2 倍。当被保护的线路电压正常时，衔铁不动作；当被保护线路的电压高于额定值，达到过电压继电器的整定值时，衔铁吸合，触点机构动作，控制电路失电，控制接触器及时分断被保护电路；欠电压继电器（KV）用于线路的欠电压保护，其释放整定值为线路额定电压的 0.1～0.6 倍。当被保护线路电压正常时，衔铁可靠吸合；当被保护线路电压降至欠电压继电器的释放整定值时，衔铁释放，触点机构复位，控制接触器及时分断被保护电路。例如，电磁吸盘电路中若电压大大降低时，电磁吸盘吸力也会大大下降，会使得电磁吸盘吸力不足而引发加工过程中工件飞出吸盘的事故，因此可利用欠电压继电器（KV）进行感测。

电压继电器也有电磁式和电子式两种，图 3-3-5 为电压继电器实物图和电气符号。

  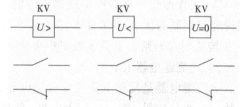

电磁式电压继电器　　电子式电压继电器　　过电压继电器　欠电压继电器　零电压继电器

图 3-3-5　电压继电器实物及图形符号

3）控制电路分析

（1）液压泵电动机 M1

按下 SB3，KM1 线圈得电，闭合主触点 KM1，液压泵电动机 M1 起动；闭合常开辅助触点 KM1（8 区），实现自锁；闭合常开辅助触点 KM1（22 区），液压泵电动机工作信号灯 HL2 亮。

按下 SB2，KM1 线圈失电，KM1 主触点复位，液压泵电动机 M1 停止、HL2 灭。

（2）砂轮电动机 M2 和冷却泵电动机 M3

按下 SB5，KM2 线圈得电，主触点 KM2 闭合，砂轮电动机 M2 及冷却泵电动机 M3 起动；常开辅助触点 KM2（10 区）闭合实现自锁；闭合常开辅助触点 KM2（23 区），砂轮电动机起动信号灯 HL3 亮。

按下 SB4，KM2 线圈失电，KM2 触点复位，砂轮电动机 M2 及冷却泵电动机 M3 停止、HL3 灭。

（3）砂轮升降电动机 M4

按下 SB6，KM3 线圈得电，先断开常闭辅助触点 KM3（12 区），实现互锁；后闭合主触点 KM3，砂轮升降电动机 M4 正转（上升）；闭合常开辅助触点 KM3（24 区），砂轮升降电动机起动信号灯 HL4 亮。

松开 SB6，KM3 线圈失电，KM3 触点复位，砂轮升降电动机 M4 停止、HL4 灭。

按下 SB7，KM4 线圈得电，先断开常闭辅助触点 KM4（11 区），实现互锁；后闭合主触点 KM4，砂轮升降电动机 M4 反转（下降）；闭合常开辅助触点 KM4（25 区），砂轮升降电动机起动信号灯 HL4 亮。

松开 SB7，KM4 线圈失电，KM4 触点复位，砂轮升降电动机 M4 停止、HL4 灭。

如果 M1、M2 或 M3 停止按钮出现问题，按下 SB1，断开线圈回路。SB1 是电动机总停止按钮。

（4）电磁吸盘 YH

① 电源部分　变压器 TC、桥式整流电路 VC 组成电磁吸盘供电电路，输出 43V 的直流电压供给电磁吸盘。

② 控制部分　按下 SB8，KM5 线圈得电，先断开常闭辅助触点 KM5（15 区），实现互锁；后闭合 17 和 20 区常开辅助触点，构成电流回路（VC 输出正极–50–51–53–YH–55–56–57–VC 输出负极）；

闭合 26 区常开辅助触点 KM5，信号灯 HL5 亮；闭合 14 区常开辅助触点 KM5，实现自锁；

按下 SB9，KM5 线圈失电，KM5 触点复位，YH 失电、停止充磁、HL5 灭；

由于吸盘和工件在停止充磁后仍有剩磁，故还需对吸盘和工件进行去磁，去磁操作由 KM6 控制，给电磁吸盘通一个反方向的电流。为防止反向磁化，采用点动控制。

按下 SB10，KM6 线圈得电，先断开常闭辅助触点 KM6（13 区），实现互锁；后闭合 17 和 20 区常开辅助触点，构成电流回路（VC 输出正极–50–51–55–YH–53–56–57–VC 输出负极）；

同时闭合 27 区常开辅助触点 KM6，信号灯 HL5 亮。

3）其他辅助电路分析

闭合 QS1，电源信号灯 HL1 亮，闭合 QS2，照明灯 EL 会亮。

FU1 对整个电路起短路保护，FU2 对辅助电路起短路保护，FU3 对控制电路起短路保护，FU4 对电磁吸盘电路起短路保护，FU5 和 FU8 对电磁吸盘电流电路起短路保护，FU6 对照明灯电路起短路保护，FU7 对信号指示灯电路起短路保护，FR1 对液压泵电动机起过载保护，FR2 对砂轮电动机起过载保护，FR3 对冷却泵电动机起过载保护。

欠电压继电器 KV 线圈与电磁吸盘电路并联，起到欠电压保护作用；欠电流继电器 KA 线圈与电磁吸盘电路串联，起到欠电流保护作用。电路正常工作时，KV 常开辅助触点（30-3）、KA 常开辅助触点（2-30）均闭合；当电磁吸盘 YH 两端电压大大减少或消失时，或者电磁吸盘电路中电流过低时，电磁吸盘吸力不足，KV 常开辅助触点（30-3）或 KA 常开辅助触点（2-30）动作复位，断开电动机控制回路，从而能够防止加工过程中工件飞离吸盘的事故。

在电磁吸盘两端并联 R、C 串联电路，形成过电压吸收回路，可消除线圈两端产生的感应电压的影响。

训练内容

1. 熟悉电路的工作原理及机电配合关系

2. 观察正常的工作现象

平面磨床的操作较复杂，因此首先要会综合观察正常的运行情况，才能分析排除电气故障。

（1）在操作师傅的指导下，对机床进行操作，了解机床的各种工作状态，以及操作开关的作用。

（2）在教师的指导下，熟悉机床电器元件的布局及安装情况。

3．M7120平面磨床模拟装置的安装与试运行操作

M7120平面磨床模拟装置如图3-3-6所示。该模拟装置提供了全方位、真实的排故训练方式，既能达到预期效果，又极为经济。该设备可以通过人为设置故障来模拟实际机床的电气故障，采用"触点"绝缘、设置假线、导线头绝缘等方式，形成电气故障。训练者在通电运行明确故障后，进行分析，在切断电源，无电状态下，使用万用表检测直至排除电气故障，从而掌握电气线路维修基本要领。

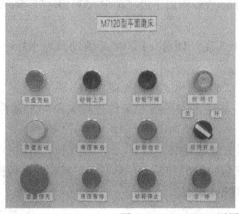

图 3-3-6　M7120型平面磨床模拟控制装置

（1）准备工作

① 查看各电器元件上的接线是否紧固，各熔断器是否安装良好。

② 独立安装好接地线，设备下方垫好绝缘垫，将各开关置分断位置。

③ 插上三相电源。

（2）操作试运行

① 插上电源后，各开关均应置分断位置。

② 操作时用力不要过大，速度不宜过快；操作频率不宜过于频繁。

③ 操作顺序见表3-3-1（参考电路图3-3-2）。

表 3-3-1　M7120型平面磨床操作正常运行现象观察

顺 序	主项目	分项目	操　作	正　常　现　象
1	照明电路	开启照明灯	接通 QS2	EL 亮
2	电磁吸盘	充磁	按下 SB8	KM5 吸合，YH 得电，HL5 灯亮
3	液压泵	起动	按下 SB3	KM1 吸合，M1 运转
		停止	按下 SB2	KM1 失电，M1 停转
4	砂轮	起动	按下 SB5	KM2 吸合，M2、M3 运转
		上升	按下 SB6	KM3 吸合，M4 正转
		下降	按下 SB7	KM4 吸合，M4 反转
		停止	按下 SB4	KM2 失电，M2、M3 停转
5	电磁吸盘	停充	按下 SB9	KM5 失电，HL5 灯灭
		去磁	按下 SB10	KM6 吸合，HL5 灯亮
6	电机总停	电机总停	按下 SB1	运转电机全部失电

4. 排故

（1）故障排除方法及要求见本书第一部分项目六。

（2）M7120平面磨床电路故障现象分析。

图 3-3-7　M7120 型平面磨床电路实训考核台模拟故障开关

M7120 平面磨床电路实训考核台模拟故障开关如图 3-3-7 所示，此故障开关用于学生刚开始的练习，等学生熟悉机床后再进行人为设置自然故障。M7120 型平面磨床电路考核台开关模拟的故障现象如表 3-3-2 所示。

表 3-3-2　M7120 型平面磨床开关模拟的故障现象

开关序号	故　障　原　因	故　障　现　象
1	FR1-1U 之间断路	充磁后，液压泵电动机 M1 转速低或不能起动，M1 缺相
2	FR2-2U 之间断路	充磁后，砂轮电动机 M2 转速低或不能起动，M2 缺相
3	KM3 常开-4U 之间断路	充磁后，砂轮升降电动机 M4 转速低或不能起动，M4 缺相
4	V14 断路	整机不得电
5	FU3-KA 之间 2 号线断路	按下 SB8、SB10，控制电磁吸盘充磁去磁的 KM5 和 KM6 不工作
6	16-17 间短路	一接通电源，控制电磁吸盘充磁的 KM5 直接得电
7	SB8-KM5 常开之间的 17 号线断路	按下 SB8，控制电磁吸盘充磁的 KM5 只能点动
8	20 号线断路	按下 SB10，控制电磁吸盘去磁的 KM6 不工作
9	7 号线断路	按下 SB3，KM1 不吸合，液压泵电动机 M1 无法起动
10	5-6 间短路	按下充磁按钮 SB8，控制液压泵的 KM1 直接得电
11	SB5-KM2 常开之间的 9 号线断路	按下 SB5，控制砂轮电机的 M2 只能点动控制
12	15 号线断路	按下 SB7，控制砂轮升降电动机的 KM4 不工作
13	300 号线断路	按下充磁按钮 SB8，KM5 吸合，但电磁吸盘 YH 不吸合，且欠电压继电器 KV、欠电流继电器 KA 均不工作
14	KA 线圈-KV 线圈之间的 52 号线断路	接通电源后，欠压继电器 KV 不工作
15	101 号线断	照明灯不亮

（3）故障分析过程举例

M7120 平面磨床的故障主要有"不能充磁"或"充磁后液压泵不能起动"或"液压泵只有点动不能自锁控制"等。

设故障现象为"充磁后，液压泵无法起动"。

分析：检查时，全面观察磨床的工作现象，与正常工作现象比较后，判断故障现象，根据电路工作原理判断故障范围，然后先易后难，逐个检查故障范围内的元器件、触点、导线及接点（一般可从中间环节的控制开始），来查出故障点。在实际检查时，还必须考虑到由于机械磨损或移位使操纵失灵等因素，若发现此类故障原因，应与机修钳工互相配合进行修理。由于液压泵起动、砂轮起动、砂轮上升下降有公共通路部分，在充磁正常而液压泵无法起动的情况下，可先起动砂轮电机或是砂轮升降电机，在它们都能正常起动的情况下，可先排除

1-2-30-3-4 之间的公共电路，这样就将故障的范围缩小到 4-5-6-7-0 的范围内。再经过仔细检查或测量，就能很快找出故障点。

（4）填写电路故障分析表

填写电路故障分析表 3-3-3。

表 3-3-3　故障分析

故　障　现　象	故　障　范　围	处　理　方　法
电动机 M1 不能运行		
电动机 M2 不能运行		
照明灯不亮		
不能充磁		
不能去磁		

故障排除考核

评分项目	评　分　标　准	自评	小组评	教师评	得分
设备正确操作熟练程度（20分）	（1）熟练操作被排故设备 20 分				
	（2）较熟练操作被排故设备 16 分				
	（3）操作排故设备不熟练 12 分				
	（4）基本不会操作被排故设备 0～8 分				
设备图纸及各电器布局熟练程度（20分）	（1）对设备图纸与电器布局能完全对号 16～20 分				
	（2）对设备图纸与电器布局一般熟悉 12～16 分				
	（3）对设备图纸与电器布局不太熟悉或完全不熟悉 0～12 分				
故障所在范围判断到位程度（20分）	（1）故障范围判断迅速 16～20 分				
	（2）故障范围判断过大或过小 10～16 分				
	（3）故障点不在判断故障范围内 0～10 分				
故障排除能力（30分）	按设故障点难易、数量分配分数				
	（1）排故流程正确，能迅速找到故障并能排除 25～30 分				
	（2）排故流程正确，故障点查找困难 20～25 分				
	（3）排故流程基本正确，没有找到故障点但基本分析到位 10～20 分				
	（4）排故流程错误，找不到故障 0～10 分				
仪器及工具使用（10分）	（1）能熟练使用仪表工具 8～10 分				
	（2）能使用仪表工具 5～8 分				
	（3）使用仪表工具不熟练 3～5 分				
安全、文明操作	（1）万用表损坏总分扣 20 分				
	（2）不穿电工鞋总分扣 5 分				
	（3）引起接地、短路触电故障总分扣 20～40 分				
考核时间：40 min	每超时 1 min 扣 1 分				
考核日期	考核人签名				

以下由检修人员填写:
故障现象

检修分析

检修步骤

故障部位

摇臂钻床的排故

工作任务及目标

1. 了解摇臂钻床的用途、主要结构和运动形式；
2. 掌握 Z3050 型摇臂钻床电路的工作原理；
3. 掌握 Z3050 型摇臂钻床模拟装置的操作方法；
4. 通过原理分析与实物电气操作相结合，按照正确的检测步骤，排除 Z3050 型摇臂钻床常见电气故障。

相关知识

1. 了解 Z3050 型摇臂钻床

（1）摇臂钻床用途

钻床是一种应用较为广泛的孔加工机床，可以进行钻孔、扩孔、铰孔和攻螺纹等加工。按结构形式可以分为立式、卧式、摇臂等。摇臂钻床操作方便，适用范围广，多用于单件或批量生产中带有多孔大型零件的孔加工。

（2）主要结构

由底座、立柱、摇臂和主轴箱等部件组成，如图 3-4-1 所示。

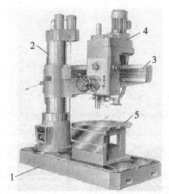

图 3-4-1　Z3050 摇臂钻床结构示意图

1—底座　2—立柱　3—摇臂　4—主轴箱　5—工作台

（3）运动形式

① 主轴带动钻头旋转运动和轴向进给运动。

② 摇臂的升降运动和回转运动。

③ 主轴箱沿摇臂的水平移动。

2. 机床对电气线路的主要要求

① 采用 4 台电动机拖动，主轴电动机 M1 完成主轴带动钻头的旋转运动和轴向进给运动，是单向运行，其正反转、变速等是通过操纵机构液压系统完成的，操纵机构液压系统由主轴操作手柄来改变两个操作阀的相互位置，使压力油做不同的分配，获得不同的动作。摇臂升降电动机 M2 完成摇臂的升降运动。液压泵电动机 M3 能够实现双向运动，它拖动液压泵供给压力油，经液压传动系统实现立柱、主轴箱和摇臂的放松与夹紧，并与电气系统配合实现放松与夹紧的自动控制。而摇臂的回转运动和主轴箱沿摇臂的水平移动是通过手动调整的。由于加工过程中钻头和工件摩擦容易产生高温，所以要用冷却泵电动机 M4 加冷却液，是单向运行。

② 摇臂升降运动严格按照"摇臂松开—摇臂移动—摇臂夹紧"的程序进行，所以 M3 和 M2 按一定的顺序起动。摇臂的回转运动按照"立柱与摇臂松开—摇臂回转—立柱与摇臂夹紧"的程序进行。主轴箱沿摇臂的水平移动也按照"主轴箱与摇臂松开—主轴箱沿摇臂水平移动—主轴箱与摇臂夹紧"的程序进行。

③ 机床具有信号指示装置—便于操作和维修。

④ 电路中应具有必要的保护环节。

3. 电气控制线路分析

钻床电路图如图 3-4-2 所示。

1）主电路

共有四台电动机。M1 是主轴电动机，M2 是摇臂升降电动机，M3 是液压泵电动机，M4 是冷却泵电动机。

① 主轴电动机 M1 由 KM1 控制，实现钻头旋转运动和轴向进给运动。

② 摇臂升降电动机 M2 正转由 KM2 控制，实现摇臂上升运动，反转由 KM3 控制，实现摇臂下降运动。

③ 液压泵电动机 M3 正转由 KM4 控制，实现放松，反转由 KM5 控制，实现夹紧。

④ 冷却泵电动机 M4 由 QS2 直接控制。

⑤ 电源的引入端由 QS1 控制。熔断器 FU1 作机床总短路保护，FU2 作为 M2、M3 及控制电路的短路保护；热继电器 FR1 为 M1 的过载保护，热继电器 FR2 为 M3 的过载保护。

2）控制电路低压电器

控制电路中设有以下低压控制电器：组合开关 QS、熔断器 FU、按钮 SB、接触器 KM、旋转开关 SA、热继电器 FR、控制变压器 TC、时间继电器 KT、行程开关 SQ，电磁铁 YA。

其中组合开关 QS、熔断器 FU、按钮 SB、接触器 KM、旋转开关 SA、热继电器 FR 等电器的工作原理及选用请参看主教材项目五中的任务 2；控制变压器 TC 请参看本书第一部分的项目七，时间继电器 KT 请参看本书第一部分的项目四；行程开关 SQ 请参看本书第二部分的题目七。电磁铁 YA 请参看本书第三部分训练二。

3）控制电路分析

（1）主轴电动机 M1

按下 SB2，KM1 线圈得电，闭合主触点 KM1，M1 起动；闭合 KM1 常开辅助触点（14 区），实现自锁；闭合 KM1 常开辅助触点（13 区），主轴指示灯 HL3 亮。

按下 SB1，KM1 线圈失电，断开 KM1 主触点，M1 停止；断开 KM1 常开辅助触点（14 区），自锁失效；断开 KM1 常开辅助触点（13 区），主轴指示灯 HL3 灭。

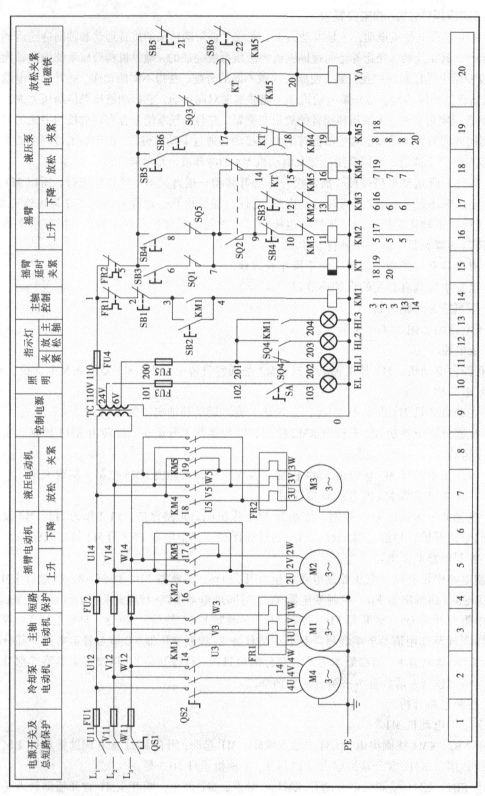

图3-4-2　Z3050摇臂钻床电路图

（2）摇臂升降运动

① 关于控制电路中涉及到的限位开关：

SQ1：上极限限位开关，当摇臂上升至上极限位置时，SQ1 动作。

SQ5：下极限限位开关，当摇臂下降至下极限位置时，SQ5 动作。

SQ4：主轴箱或立柱松开的限位开关。

SQ2：摇臂与立柱松开限位开关。

SQ3：摇臂与立柱夹紧限位开关。摇臂与立柱初始处于夹紧状态，SQ3 动作，故 19 区 SQ3 应为断开，在摇臂上升或下降的过程中 SQ3 应处于常态（闭合），摇臂上升或下降结束时摇臂应为夹紧状态，故 SQ3 断开。

其中 SQ2 和 SQ3 动作控制由摇臂松开和夹紧油腔推动活塞杆上下移动实现，如图 3-4-3 所示。

② 关于阀用电磁铁 YA：用于液压系统中改变液体的流动方向，接通及关闭液体源的电磁换向阀（阀心的移动控制通口的打开与关闭）。

图 3-4-3　SQ2 和 SQ3 动作控制示意图

摇臂升降运动、摇臂的回转运动和主轴箱沿摇臂的水平移动都要跟液压泵电动机 M3 有关，其液压系统原理图如图 3-4-4 所示。由图可知，液压泵电动机 M3 工作后，如果 YA 得电，系统将液压油送入摇臂夹紧机构；如果 YA 不得电，系统将液压油送入主轴箱和立柱夹紧机构。

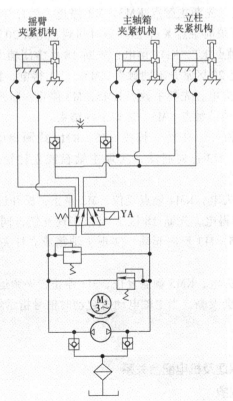

图 3-4-4　Z3050 钻床夹紧机构液压系统原理图

③ 摇臂上升　长按 SB3，KT 线圈得电，先断 19 区 KT 常闭延时触点，保证 KM5 线圈不得电；后合 18 区 KT 常开瞬时触点，KM4 线圈得电，断开 19 区常闭辅助触点 KM4 ，实现互锁，合上主触点 KM4，M3 正向起动；再加上合上 20 区常开延时触点 KT，YA 得电，通过液压系统，摇臂实现放松运动。松到一定程度，SQ2 动作，先断 18 区常闭触点 SQ2，KM4 失电，M3 停止；后合 16 区常开触点 SQ2，KM2 得电，先断常闭辅助触点 KM2，实现互锁，后合主触点 KM2，M2 正向起动，摇臂实现上升运动。

松开 SB3，KM2 失电，先断主触点 KM2，M2 停止，后合常闭辅助触点 KM2；同时 KT 线圈失电，断开 18 区常开瞬时触点 KT，当控制时间到，先断 20 区常开延时触点 KT，YA 失电，后合 19 区常闭延时触点 KT，KM5 得电，先断 18 区常闭辅助触点 KM5，后合上主触点 KM5，M3 实现反转，合上 20 区常开辅助触点 KM5，YA 得电，摇臂实现夹紧运动。紧到一定程度，SQ3 动作，KM5 失电，先断主触点 KM5，M3 停止；断开 20 区常开辅助触点 KM5，YA 失电；后合 18 区常闭辅助触点 KM5，摇臂上升结束。

④ 摇臂下降　长按 SB4，KT 线圈得电，先断 19 区 KT 常闭延时触点，保证 KM5 线圈不得电；后合 18 区 KT 常开瞬时触点，KM4 线圈得电，断开 19 区常闭辅助触点 KM4，实现互锁，合上主触点 KM4，M3 正向起动；再加上合上 20 区常开延时触点 KT，YA 得电，通过液压系统，摇臂实现放松运动。松到一定程度，SQ2 动作，先断 18 区常闭触点 SQ2，KM4 失电，M3 停止；后合 16 区常开触点 SQ2，KM3 得电，先断常闭辅助触点 KM3，实现互锁，后合主触点 KM3，M2 反向起动，摇臂实现下降运动。

松开 SB4，KM3 失电，先断主触点 KM3，M2 停止，后合常闭辅助触点 KM3；同时 KT 线圈失电，断开 18 区常开瞬时触点 KT，当控制时间到，先断 20 区常开延时触点 KT，YA 失电，后合 19 区常闭延时触点 KT，KM5 得电，先断 18 区常闭辅助触点 KM5，后合上主触点 KM5，M3 实现反转，合上 20 区常开辅助触点 KM5，YA 得电，摇臂实现夹紧运动。紧到一定程度，SQ3 动作，KM5 失电，先断主触点 KM5，M3 停止；断开 20 区常开辅助触点 KM5，YA 失电；后合 18 区常闭辅助触点 KM5，摇臂下降结束。

⑤ 主轴箱或立柱的松开、夹紧　长按 SB5，KM4 线圈得电，先断 19 区 KM4，实现互锁，后合主触点 KM4，M3 正向起动，实现主轴箱或立柱松开运动，此时 SQ4 动作，HL2 亮。

松开 SB5，KM4 线圈失电，KM4 触点复位，M3 停止，松开运动结束。

长按 SB6，KM5 线圈得电，先断 18 区 KM5，实现互锁，同时断 19 区 KM5，保证 YA 不得电，后合主触点 KM5，M3 反向起动，实现主轴箱或立柱夹紧运动，此时 SQ4 复位，HL2 灭。

松开 SB6，KM5 线圈失电，KM5 触点复位，M3 停止，夹紧运动结束。

闭合 SA，照明灯 EL 会发亮，当主轴电动机起动时信号指示灯 HL3 发亮。

训练内容

1. 熟悉电路的工作原理及机电配合关系

2. 观察正常的工作现象

钻床的操作较复杂，因此首先要会综合观察正常的运行情况，才能分析排除电气故障。

① 在操作师傅的指导下，对机床进行操作，了解机床的各种工作状态，以及操作手柄的作用。

② 在教师的指导下，熟悉机床电器元件的布局及安装情况，以及操作手柄处于不同位置时，行程开关的工作状态。

3. Z3050 型摇臂钻床模拟装置的安装与试运行操作

Z3050 型摇臂钻床模拟装置提供了全方位、真实的排故训练方式，既能达到预期效果，又极为经济。该设备可以通过人为设置故障来模仿实际机床的电气故障，采用"触点"绝缘、设置假线、导线头绝缘等方式，形成电气故障。训练者在通电运行明确故障后，进行分析，在切断电源，无电状态下，使用万用表检测直至排除电气故障，从而掌握电气线路维修基本要领。

（1）Z3050 型摇臂钻床模拟控制柜实物图如图 3-4-5 所示

（2）Z3050 型摇臂钻床模拟装置操作说明

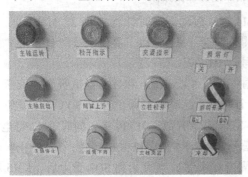

图 3-4-5　Z3050 摇臂钻床模拟控制柜

① 准备阶段　首先将控制面板上三个电机切换开关都扳到"1"的位置，如图 3-4-6 所示，再打开控制柜，扳动 SQ3（因为摇臂初始状态为夹紧状态，SQ3 应该处于受力状态）。

图 3-4-6　Z3050 摇臂钻床通电前初始状态

然后合上模拟钻床的空气开关，再将组合开关 QS1 合上，如图 3-4-7 所示。

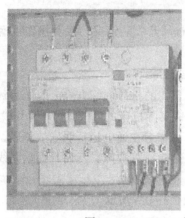

图 3-4-7　Z3050 摇臂钻床电源开关操作

② 冷却泵电动机操作　顺时针旋转 QS2，M4 直接起动；逆时针旋转 QS2，M4 停止。

③ 主轴电动机操作　按下 SB2，KM1 线圈得电吸合，M1 起动，主轴信号灯 HL3 亮；按下 SB1，KM1 线圈失电释放，M1 停止，主轴信号灯 HL3 灭。

④ 摇臂升降运动操作　以上升为例，长按住 SB3，KT、KM4 和 YA 得电吸合，液压泵电动机 M3 正向起动，摇臂实现从夹紧到放松这个过程，此时夹紧限位开关 SQ3 应该复位。当放松到一定程度，使放松限位开关 SQ2 受力，KM4 失电释放，M3 停止，同时 KM2 得电，M2 正转，摇臂实现上升。上升到需要的位置，松开 SB3，KT、KM2 失电释放，M2 停止。当延迟时间到，KM5 得电吸合，此时 M3 反转，摇臂开始夹紧，当夹紧到 SQ3 受力后，KM5 和 YA 同时失电，液压泵停转，摇臂上升结束。

⑤ 主轴箱或立柱的松开、夹紧操作　长按 SB5，KM4 线圈得电吸合，液压泵正转，实现夹紧到松开的过程，此时 SQ4 处于受力状态，HL2 亮；松开 SB5，结束夹紧到松开的过程；长按 SB6，KM5 线圈得电吸合，液压泵反转，实现松开到夹紧的过程，此时 SQ4 复位，HL1亮；松开 SB6，结束松开到夹紧的过程。

4. 排故

（1）故障排除方法及要求

故障排除方法及要求见本书第一部分项目六。

（2）Z3050 型摇臂钻床电路故障现象分析。

Z3050 型摇臂钻床电路实训考核台模拟故障开关如图 3-4-8 所示，此故障开关用于学生刚开始的练习，等学生熟悉机床后再进行人为设置自然故障。Z3050 型摇臂钻床电路考核台模拟故障开关的故障现象如表 3-4-1 所示。

图 3-4-8　Z3050 型摇臂钻床电路实训考核台模拟故障开关

表 3-4-1　Z3050 型摇臂钻床故障开关模拟的故障现象

开关序号	故 障 原 因	故 障 现 象
1	QS2—4U 间断路	冷却泵电机 M4 缺相，其余都正常
2	FR1—1U 间断路	主轴电动机 M1 缺相，其余都正常
3	KM3—2U 间断路	主轴电机 M1 反转缺一相
4	U14—TC 间断路	冷却泵电动机正常，其余均不正常
5	3—4 间短路	主轴电机 M1 自行起动，其余正常
6	KM1 常开触点—KM1 线圈间 4 号线断路	主轴电机 M1 不能起动，其余正常
7	SQ1—SQ5 间 7 号线断路	摇臂上升时只能 KT 得电，YA 得电，下降不正常，其余全正常
8	7—8 间短路	下极限限位开关 SQ5 失去作用
9	KM5 常闭触点—YA 间 20 号线断路	摇臂上升、下降和立柱主轴箱实现夹紧时 YA 都不得电，其余正常
10	KT 常开延时触点—YA 间 20 号线断路	摇臂上升、下降实现摇臂松开时 YA 不得电，其余正常
11	SQ3-KT 常开延时触点间 5 号线断路	摇臂上升、下降实现摇臂松开和夹紧时 YA 都不得电，其余正常
12	KM5 常开触点—YA 间 20 号线断路	摇臂上升、下降实现摇臂夹紧时 YA 都不得电，其余正常

（3）故障分析过程举例

Z3050 型摇臂钻床的故障主要有"主轴电机 M1 自行起动"或"摇臂上升、下降实现摇臂松开时 YA 不得电，其余正常"或"摇臂上升时只能 KT 得电，YA 得电，下降不正常，其余全正常"等。

设故障现象为"摇臂上升、下降实现摇臂松开时 YA 不得电，其余正常"。

分析：检查时，全面观察钻床的工作现象，与正常工作现象比较后，判断故障现象，根据电路工作原理判断故障范围，然后先易后难，逐个检查故障范围内的元器件、触点、导线及接点（一般可从中间环节的控制开始），来查出故障点。在实际检查时，还必须考虑到由于机械磨损或移位使操纵失灵等因素，若发现此类故障原因，应与机修钳工互相配合进行修理。

根据原理分析，因为其余正常，只有摇臂上升、下降实现摇臂松开时 YA 不得电，就确定故障范围是 5-KT 延时常开触点-20-YA，然后切断电源，利用万用表电阻挡对该范围内的导线、元器件进行分段检测，如果导线检测出电阻为无穷，则说明该导线断路。经检验，为 KT 常开延时触点-YA 间 20 号线断路。

（4）填写电路故障分析表

填写电路故障分析表 3-4-2。

表 3-4-2　电路故障分析

故 障 现 象	可 能 原 因	处 理 方 法
主轴电动机 M1 自行起动，其余正常		
主轴电动机 M1 不能起动，其余正常		

故 障 现 象	可 能 原 因	处 理 方 法
摇臂上升时只能 KT 得电，YA 得电，下降不正常，其余全正常		
摇臂上升、下降和立柱主轴箱实现夹紧时 YA 都不得电，其余正常		
摇臂上升、下降实现摇臂松开时 YA 不得电，其余正常		
摇臂上升、下降实现摇臂松开和夹紧时 YA 都不得电，其余正常		

故障排除考核

评分项目	评 分 标 准	自评	小组评	教师评	得分
设备正确操作熟练程度（20分）	（1）熟练操作被排故设备 20 分				
	（2）较熟练操作被排故设备 16 分				
	（3）操作排故设备不熟练 12 分				
	（4）基本不会操作被排故设备 0～8 分				
设备图纸及各电器布局熟练程度（20分）	（1）对设备图纸与电器布局能完全对号 16～20 分				
	（2）对设备图纸与电器布局一般熟悉 12～16 分				
	（3）对设备图纸与电器布局不太熟悉或完全不熟悉 0～12 分				
故障所在范围判断到位程度（20分）	（1）故障范围判断迅速 16～20 分				
	（2）故障范围判断过大或过小 10～16 分				
	（3）故障点不在判断故障范围内 0～10 分				
故障排除能力（30分）	按设故障点难易、数量分配分数				
	（1）排故流程正确，能迅速找到故障并能排除 25～30 分				
	（2）排故流程正确，故障点查找困难 20～25 分				
	（3）排故流程基本正确，没有找到故障点但基本分析到位 10～20 分				
	（4）排故流程错误，找不到故障 0～10 分				
仪器及工具使用（10分）	（1）能熟练使用仪表工具 8～10 分				
	（2）能使用仪表工具 5～8 分				
	（3）使用仪表工具不熟练 3～5 分				
安全、文明操作	（1）万用表损坏总分扣 20 分				
	（2）不穿电工鞋总分扣 5 分				
	（3）引起接地、短路触电故障总分扣 20～40 分				
考核时间	40 min。每超时 1 min 扣 1 分				
考核日期	考核人签名				

以下由检修人员填写：
故障现象

检修分析

检修步骤

故障部位

镗床的排故

工作任务及目标

1. 了解镗床的用途、结构及运动形式。
2. 了解镗床电力拖动特点及控制要求。
3. 理解镗床电气控制原理，能说明主要手柄操作与相应开关动作间的关系。
4. 通过原理分析与实物电气操作相结合，进一步掌握电气排故的技巧。

相关知识

1. 了解镗床

（1）镗床用途

镗床主要用于孔的精加工，可分为卧式镗床和坐标镗床两类。卧式镗床应用较多，T68型镗床属中型卧式镗床，它可以进行钻孔、镗孔、扩孔、铰孔及加工端平面等。

（2）主要结构

由床身、主轴、主轴箱、花盘、前立柱、后立柱、镗杆支撑架、工作台和刀具溜板等几部分组成，如图 3-5-1 所示。

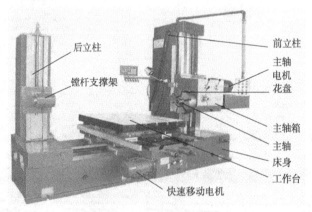

图 3-5-1　T68 镗床结构

（3）运动形式

① 主运动：主轴的旋转与花盘的旋转运动。

② 进给运动：主轴在主轴箱中的进出进给，花盘上刀具的径向进给，工作台的横向和纵向进给，主轴箱的升降。这些进给运动都可以进行手动或机动。

③ 辅助运动：回转工作台的转动，后立柱的纵向移动，镗杆支承架的垂直移动及各部分的快速移动。

2. 机床对电气线路的主要要求

（1）机床要求有二台电动机，分别称为主轴电动机 M1、快速移动电动机 M2。

（2）由于进给运动有几个方向，要求主轴电动机 M1 能正反转。为适应调整需要，主轴电动机 M1 还能正反向点动，同时主轴电动机还能停车制动。

（3）主轴电动机 M1 可以低速全压起动。若需要高速运转，必须先低速起动，经一段延时后，再自动转为高速，以减小起动电流。

（4）各进给部分的快速移动，采用一台快速移动电动机 M2 拖动。

3. 电气控制线路分析

镗床电路图如图 3-5-2 所示。它由主电路、控制电路和照明电路三部分组成。

1）主电路

有二台电动机。M1 是主轴电动机、M2 是快速移动电动机。主轴电动机 M1 具有正反向点动、正反向低速与高速运转及停车制动等控制。

镗床主轴电动机主、控电路如图 3-5-3 所示。

① 主轴电动机 M1 通过复合按钮 SB3、SB2 分别与接触器 KM1、KM2、KM3、KM4、KM5 以及时间继电器 KT 配合，实现主轴电动机的正反转控制。

② 主轴电动机 M1 通过按住 SB4、SB5 分别与接触器 KM1、KM2、KM3、KM4 和 KM5 以及时间继电器 KT 配合，实现主轴电动机的正反转点动控制。

③ 主轴电动机 M1 通过高低速转换限位开关 SQ1 处于压合或断开实现高、低速控制。

④ 快速移动电动机 M2 通过限位开关 SQ5 和 SQ6 与 KM6、KM7 配合，实现快速移动。

⑤ 熔断器 FU1 作机床总短路保护，也兼作 M1 的短路保护；FU2 作为 M2 及控制变压器 TC、照明灯 EL 的短路保护；热继电器 FR 为 M1 的过载保护。

2）控制电路

（1）主轴电动机 M1 的控制

① 主轴电动机 M1 的正反转控制。

正转控制：按下正转按钮 SB3，接触器 KM1 线圈得电且吸合，KM1 主触点闭合（此时开关 SQ2 已闭合），KM1 的常开触点（23～24 和 51～52）闭合，接触器 KM3 线圈得电吸合，KM3 主触点闭合，制动电磁铁 YB 得电松开（指示灯亮），主轴电动机 M1 接成三角形正向起动，并低速运行。接触器 KM3 线圈得电的同时，时间继电器 KT 线圈同时得电，当延时时间到后，KT 常闭触点（45～46）断开，KM3 线圈失电，KT 常开触点（53～54）闭合，此时 KM4、KM5 线圈得电，KM4、KM5 主触点吸合，电动机接成双星形正向高速运行。

反转控制：按下反转按钮 SB2，接触器 KM2 线圈得电且吸合，KM2 主触点闭合（此时开关 SQ2 已闭合），KM2 的常开触点（33～34 和 65～66）闭合，接触器 KM3 线圈得电吸合，KM3 主触点闭合，制动电磁铁 YB 得电松开（指示灯亮），主轴电动机 M1 接成三角形反向起动，并低速运行。接触器 KM3 线圈得电的同时，时间继电器 KT 线圈同时得电，当延时时间到后，KT 常闭触点（45～46）断开，KM3 线圈失电，KT 常开触点（53～54）闭合，此时 KM4、KM5 线圈得电，KM4、KM5 主触点吸合，电机接成双星形反向高速运行。

当按下 SB1 停止按钮时，所有电器元件全部释放，触点均复位，电机停转。

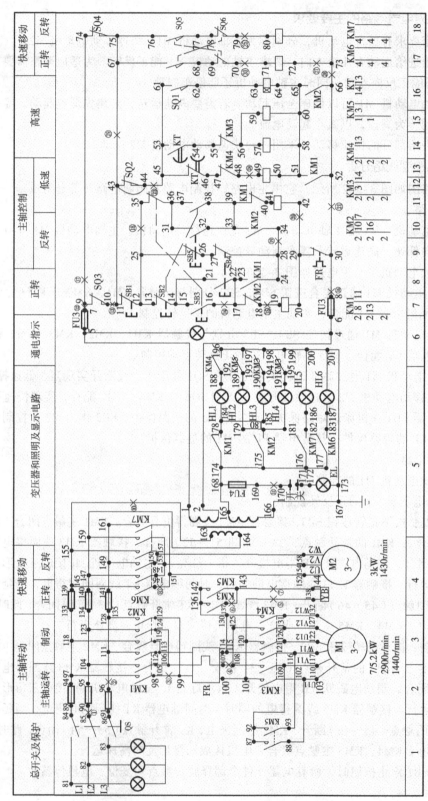

图3-5-2　YL-ZT型T68镗床电气原理图

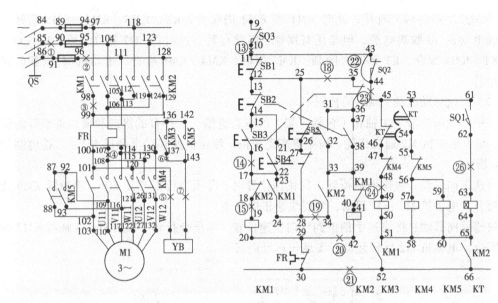

图 3-5-3 镗床主轴电动机主、控电路

② 主轴电动机 M1 的点动控制。

正转点动控制：按住正向点动按钮 SB4，接触器 KM1 线圈得电且吸合，KM1 的常开触点（23～24 和 51～52）闭合。按住 SB4，即 SB4 的常闭触点切断了 KM1 的自锁电路（23～25）只能点动。KM1 的常开触点（51～52）闭合，使 KM3 吸合，主轴电动机 M1 低速转动。同时，时间继电器 KT 得电，KT 延时时间一到，KT 常开触点（53～54）闭合，KT 常闭触点（45～46）断开，KM3 线圈失电，此时接触器 KM4、KM5 线圈得电且吸合，主轴电动机由低速转向高速转动。松开按钮 SB4，所有电器元件全部失电释放，主轴电动机 M1 停转。

反转点动控制：按住反向点动按钮 SB5，接触器 KM2 线圈得电且吸合，KM2 的常开触点（33～34 和 65～66）闭合。按住 SB5，即 SB5 的常闭触点切断了 KM2 的自锁电路（25～33）只能点动。KM2 的常开触点（65～66）闭合，使 KM3 吸合，主轴电动机 M1 低速转动。同时，时间继电器 KT 得电，KT 延时时间一到，KT 常开触点（53～54）闭合，KT 常闭触点（45～46）断开，KM3 线圈失电，此时接触器 KM4、KM5 线圈得电且吸合，主轴电动机 M1 由低速转向高速转动。松开按钮 SB5，所有电器元件全部失电释放，主轴电动机 M1 停转。

KM1 是主轴电动机 M1 正转接触器，KM2 是主轴电动机 M1 反转接触器，KM3 是主轴电动机 M1 低速接触器，KM4、KM5 是主轴电动机 M1 高速接触器。

③ 主轴电动机 M1 的停车制动。

当电动机 M1 处于正转低速运转时，按下停止按钮 SB1，接触器 KM1 线圈失电而释放，KM1 的常开触点（23～24 和 51～52）不能闭合，接触器 KM3 线圈失电而释放，制动电磁铁 YB 因失电而制动，主轴电动机 M1 正转制动停车。同理，当电动机 M1 处于反转低速运转时，动作原理同上，所不同的是接触器 KM2 线圈失电而释放，KM2 的常开触点（33～34 和 65～66）不能闭合，而使主轴电动机 M1 反转制动停车。同理，当电动机 M1 处于正转或反转高速运转时，按下停止按钮 SB1，主轴电动机 M1 也能正转或反转制动停车。

④ 主轴电动机 M1 的变速控制。

主轴电动机 M1 正常高速运行时，不管正转或者反转，此时需要改变速度，拨动变速限位开关 SQ2（43～44）断开，此时 KM1 或 KM2 仍吸合，KT、KM3、KM4、KM5 断开，此时主轴电动机 Ml 脱离电源，但是还有惯性，继续运转，这时将 SQ2 复位，即（43～44）闭合，KT、KM3 吸合，KT 延时时间到，KM3 失电，KM4、KM5 吸合，电动机 Ml 以新的速度正常运转。

（2）快速移动电动机 M2 的控制

主轴的轴向进给、主轴箱（包括尾架）的垂直进给、工件台的纵向和横向进给等的快速移动，是由电动机 M2 通过齿轮、齿条等来完成的。镗床快速移动电动机 M2 主、控电路如图 3-5-4 所示。

快速正向移动：快速手柄扳到正向快速位置时，即压合行程开关 SQ6，接触器 KM6 线圈得电吸合，电动机 M2 正转起动，实现快速正向移动。

快速反向移动：将快速手柄扳到反向快速位置，即压合行程开关 SQ5，接触器 KM7 线圈得电吸合，电动机 M2 反转起动，实现快速反向移动。

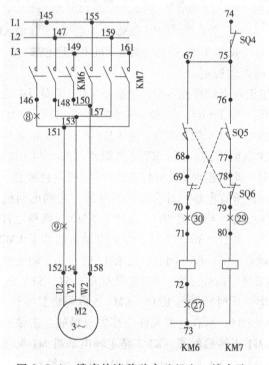

图 3-5-4　镗床快速移动电动机主、控电路

（3）联锁保护

为了防止工作台或主轴箱自动快速进给时，主轴进给手柄扳到自动快速进给而造成误操作，就采用了与工作台和主轴箱进给手柄有机械连接的行程开关 SQ3。当上述手柄扳在工作台（或主轴箱）自动快速进给的位置时，SQ3 被压断开。同样，在主轴箱上还装有另一个行程开关 SQ4，它与主轴进给手柄有机械连接，当这个手柄动作时，SQ4 也受压断开。电动机 M1 和 M2 必须在行程开关 SQ3 和 SQ4 中有一个处于闭合状态时，才可以起动。如果工作台（或主轴箱）在自动进给（此时 SQ3 断开）时，再将主轴进给手柄扳到自动进给位置（SQ4 也断开），那么电动机 M1 和 M2 便都自动停车，从而达到联锁保护之目的。

训练内容

1. 熟悉电路的工作原理及机电配合关系

2. 观察正常的工作现象

镗床的操作较复杂，因此首先要会综合观察正常的运行情况，才能分析排除电气故障。

（1）在操作师傅的指导下，对机床进行操作，了解机床的各种工作状态，以及操作手柄的作用。

（2）在教师的指导下，熟悉机床电器元件的布局及安装情况，以及操作手柄处于不同位置时，行程开关的工作状态。

3. YL-ZT 型 T68 镗床模拟装置的安装与试运行操作

YL-ZT 型 T68 镗床模拟装置如图 3-5-5 所示。该模拟装置提供了全方位、真实的排故训练方式，既能达到预期效果，又极为经济。该设备可以通过人为设置故障来模仿实际机床的电气故障，采用"触点"绝缘、设置假线、导线头绝缘等方式，形成电气故障。训练者通过使用万用表检测，从而排除电气故障，掌握电气线路维修基本要领。

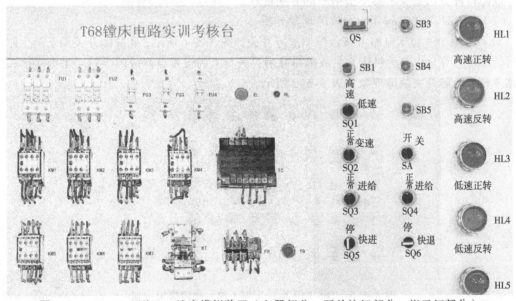

图 3-5-5　YL-ZT 型 T68 镗床模拟装置（电器部分、开关按钮部分、指示灯部分）

（1）准备工作

① 查看各电器元件上的接线是否紧固，各熔断器是否安装良好。

② 独立安装好接地线，设备下方垫好绝缘垫，将各开关置分断位置。

③ 插上三相电源。

（2）操作试运行

① 插上电源后，各开关均应置分断位置。

② 操作时用力不要过大，速度不宜过快；操作频率不宜过于频繁。

③ 操作顺序如表 3-5-1 所示（参考电路图 3-5-2）。

表 3-5-1　镗床操作正常运行现象观察

顺序	主项目	分项目	操作	正常现象
1	照明电路		接通 SA	EL 亮
2	主轴	主轴正反转	按下 SB3 或 SB2	接触器 KM1 和 KM3 闭合，M1 正转或接触器 KM2 和 KM3 闭合，M1 反转
		主轴点动	按下 SB4 或 SB5	接触器 KM1 或 KM2 闭合，M1 低速转动。若长按 SB4 或 SB5，M1 从低速到高速
		主轴制动	按下 SB1	所有电器元件均断电（接触器 KM1 或 KM2 断开，KM3 失电释放，电磁铁 YB 制动，M1 停车）
		主轴高低速转换	限位开关 SQ1 压合或断开	接触器 KM3 先合后断，接触器 KM4、KM5 吸合，M1 从低速到高速
3	快速移动		压合行程开关 SQ6 或 SQ5	M2 实现快速正向或反向移动

4. 排故

（1）故障排除方法及要求

故障排除方法及要求见本书第一部分项目六。

（2）YL-ZT 型 T68 镗床电路故障现象分析

YL-ZT 型 T68 镗床电路考核台模拟故障开关如图 3-5-6 所示，此故障开关用于学生刚开始时的练习，等学生熟悉机床常见故障排除后再进行人为设置自然故障。YL-ZT 型 T68 镗床电路考核台故障开关故障现象如表 3-5-2 所示。

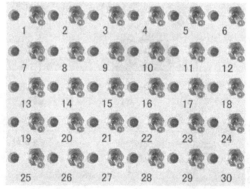

图 3-5-6　T68 镗床电路实训考核台故障模拟按钮

表 3-5-2　T68 镗床故障开关故障现象

开关序号	故障现象	故障原因
1	85—90 间断路	所有电动机缺相，控制回路失效
2	96—111 间断路	主轴电动机 M1 及工作台电机 M2，无论正反转均缺相，控制回路正常
3	98—99 间断路	主轴电动机 M1 缺相
4	107—108 间断路	主轴电动机 M1 正、反转均缺一相
5	120—138 间断路	主轴电动机 M1 运转时，电磁铁不能吸合
6	137—143 间断路	主轴电动机 M1 低速运转制动时，电磁铁 YB 不能动作

开关序号	故 障 现 象	故 障 原 因
7	143—144 间断路	主轴电动机 M1 运转时，电磁铁 YB 不能动作
8	146—151 间断路	进给电动机 M2 快速移动正转时缺一相
9	151—152 间断路	进给电动机 M2 无论正反转均缺一相
10	155—163 间断路	控制回路及照明和显示电路均没电
11	169—170 间断路	SA 接通时，照明灯也不能亮
12	7—9 间断路	除照明灯及通电指示外，其他控制全部失效
13	10—11 间断路	当操作手柄压下 SQ4 时，SQ3 未压下（接通），但控制回路失效，通电指示灯仍亮
14	16—17 间断路	主轴正转不能起动，但能点动
15	18—19 间断路	主轴电动机 M1 正转点动与起动均失效
16	8-30 间断路	控制回路全部失效
17	9-74 间断路	当操作手柄压下 SQ3（SQ3 断开）时，控制回路失效
18	25—35 间断路	主轴电动机 M1 反转不能起动、点动
19	28—34 间断路	主轴电动机 M1 反转只能点动
20	29—42 间断路	主轴电动机 M1 不能反转
21	30—52 间断路	主轴电动机 M1 高低速运行及快速移动电机 M2 的快速移动均不可起动
22	43—44 间短路	主轴变速与进给变速时手柄拉出 SQ2 均不能断开，M1 仍在运行
23	44—45 间断路	主轴电动机高低速均不能起动
24	48—49 间断路	主轴电动机的低速不能起动，高速时，无低速的过渡
25	43—67 间断路	当手柄扳到进给位置压下 SQ4 时（SQ3 接通），快速移动电动机无论正反转均不能起动
26	62—63 间断路	主轴电动机 M1 即使打到高速位置也只能低速运行
27	72-73 间断路	快速移动电动机 M2 正转不能起动
28	66—73 间断路	快速移动电动机 M2 无论正反转均不能起动
29	79—80 间断路	快速移动电动机 M2 反转不能起动
30	70—71 间断路	快速移动电动机 M2 正转不能起动

（3）故障分析过程举例

T68 镗床的故障主要有"只有低速没有高速"或"只有正转没有反转"或"只有点动没有联动"等。

设故障现象为"只有低速没有高速"。

分析：检查时，可先操作一下，看看故障现象，然后逐步缩小故障的范围（一般可从中间环节的控制开始），接着再逐个检查故障范围内的元器件、触点、导线及接点，来查出故障点。在实际检查时，还必须考虑到由于机械磨损或移位使操纵失灵等因素，若发现此类故障原因，应与机修钳工互相配合进行修理。

下面假设故障点在 KT 的延时常开由于安装螺钉松动而没闭合。检查时，镗床有低速，现象是 KM3 是吸合的，也就是说 43～52 线路正常。没高速且现象是 KM4、KM5、KT 不吸合，可依次检查 53~66 线路。先检查 61~66 线路，首先看 65~66 处 KM2 常开是否吸合，若 KM2 吸合，再看 SQ1 是否接通。若 SQ1 接通，接着再看 62~63 或 64~65 是否断路。若没断路，则说明 61~66 线路正常。再检查 53~60 线路，先看 KT 延时是否闭合，若没闭合就找到故障点了。

（4）填写电路故障分析表

填写电路故障分析表 3-5-3。

表 3-5-3　电路故障分析

故　障　现　象	可　能　原　因	处　理　方　法
电动机 M1 不能运行		
电动机 M2 不能运行		
照明灯不亮		
主轴只有低速没有高速		
主轴只能正转不能反转		
主轴电动机只能点动不能长动		

故障排除考核

评分项目	评　分　标　准	自评	小组评	教师评	得分
设备正确操作熟练程度（20分）	（1）熟练操作被排故设备 20 分				
	（2）较熟练操作被排故设备 16 分				
	（3）操作排故设备不熟练 12 分				
	（4）基本不会操作被排故设备 0~8 分				
设备图纸及各电器布局熟练程度（20分）	（1）对设备图纸与电器布局能完全对号 16~20 分				
	（2）对设备图纸与电器布局一般熟悉 12~16 分				
	（3）对设备图纸与电器布局不太熟悉或完全不熟悉 0~12 分				
故障所在范围判断到位程度（20分）	（1）故障范围判断迅速 16~20 分				
	（2）故障范围判断过大或过小 10~16 分				
	（3）故障点不在判断故障范围内 0~10 分				
故障排除能力（30分）	按设故障点难易、数量分配分数				
	（1）排故流程正确，能迅速找到故障并能排除 25~30 分				
	（2）排故流程正确，故障点查找困难 20~25 分				
	（3）排故流程基本正确，没有找到故障点但基本分析到位 10~20 分				
	（4）排故流程错误，找不到故障 0~10 分				
仪器及工具使用（10分）	（1）能熟练使用仪表工具 8~10 分				
	（2）能使用仪表工具 5~8 分				
	（3）使用仪表工具不熟练 3~5 分				

评分项目	评 分 标 准	自评	小组评	教师评	得分
安全、文明操作	（1）万用表损坏总分扣 20 分				
	（2）不穿电工鞋总分扣 5 分				
	（3）引起接地、短路触电故障总分扣 20～40 分				
考核时间	40 min。每超时 1 min 扣 1 分				
考核日期	考核人签名				

以下由检修人员填写：

故障现象

检修分析

检修步骤

故障部位

电磁调速电动机控制器的故障排除

工作任务及目标

1. 了解电磁调速电动机的用途、结构及工作原理。
2. 理解电磁调速电动机控制电路原理图，掌握其调试的一般步骤。
3. 通过原理分析与实物操作，进一步掌握电磁调速电动机控制器的排故方法和技巧。

相关知识

1. 了解电磁调速电动机

（1）用途

电磁调速异步电动机又称滑差电机，它是一种恒转矩交流无级变速电动机。由于它具有调速范围广、速度调节平滑、起动转矩大、控制功率小、有速度负反馈、自动调节系统时机械特性硬度高等一系列优点，主要适用于长期高速运转和短时间低速运转。因此，在纺织、印染、化工、造纸、船舶、鼓风和起重等生产部门中都得到广泛应用。电磁调速电动机分解图如图 3-6-1 所示。

图 3-6-1　电磁调速电机分解图

（2）主要结构

电磁调速电动机主要由普通异步电动机、电磁转差离合器、测速发电机、控制器四部分组成，其主要结构组成如图 3-6-2 所示。

图 3-6-2 所示的电磁转差离合器又称滑差离合器，其主要包括电枢、磁极和励磁线圈三部分。电枢、磁极和励磁线圈如图 3-6-3 所示，图 3-6-3（a）电枢为铸钢制成的圆筒形结构，它与笼形异步电动机的转轴相连接，俗称主动部分；图 3-6-3（b）电枢磁极做成爪形结构，装在负载轴上，俗称从动部分。主动部分和从动部分在机械上无任何联系。

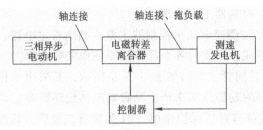

图 3-6-2　电磁调速电动机主要结构组成

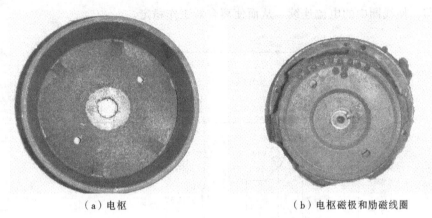

（a）电枢　　　　　　　　　　（b）电枢磁极和励磁线圈

图 3-6-3　电枢、电枢磁极和励磁线圈

（3）电磁转差离合器的工作原理

当图 3-6-3 所示的励磁线圈通过电流时产生磁场，爪形结构便形成很多对磁极。此时若电枢被笼形异步电动机拖着旋转，那么它便切割磁场相互作用，产生转矩，于是从动部分的磁极便跟着主动部分电枢一起旋转，且前者的转速低于后者，因为只有当电枢与磁场存在着相对运动时，电枢才能切割磁力线。磁极随电枢旋转的原理与普通异步电动机转子跟着定子绕组的旋转磁场运动的原理没有本质区别，所不同的是：异步电动机的旋转磁场由定子绕组中的三相交流电产生，而电磁转差离合器的磁场则由励磁线圈中的直流电流产生，并由于电枢旋转才起到旋转磁场的作用。

电磁转差离合器调速系统原理如图 3-6-4 所示。

2. 电磁调速电动机控制器原理分析

（1）电磁调速电动机控制器框图如图 3-6-5 所示。

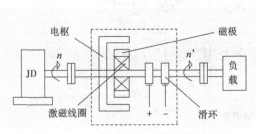

图 3-6-4　电磁转差离合器调速系统

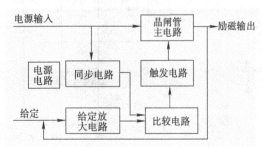

图 3-6-5　电磁调速电动机控制器框图

（2）电磁调速电动机控制器工作原理

由图 3-6-5 可知：电磁调速电动机控制器主要由晶闸管主电路、给定电路、触发电路、转速负反馈电路等环节组成。下面对各个环节的原理作简要介绍。

① 晶闸管主电路：晶闸管主电路如图 3-6-6 所示，其采用单相半波桥式整流，整流电路的输出控制转差离合器的励磁线圈来产生励磁电流并最终影响电动机的转速。图中 R1、C1 和热敏电阻 RV 均对可控硅有过压保护作用。V1 为续流二极管，其作用是：正半周时由于可控硅导通而使离合器工作；负半周时可控硅不导通，励磁线圈产生的反向电动势可经过 V1 形成放电回路，使线圈中的电流连续，从而使离合器工作稳定。

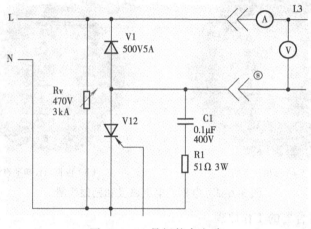

图 3-6-6　晶闸管主电路

② 给定电源电路：给定电源电路如图 3-6-7 所示，3、4 间 15V 的交流电压经 V5 单相桥式整流，C3 滤波后再经三端稳压块 7812 稳压为 12V 的直流电压，12V 直流电压加到 RP1 电位器，经 RP1 电位器分压后加到 V9 的发射极（见图 3-6-8）。调整电位器取它的分压作为给定电压 U_c。

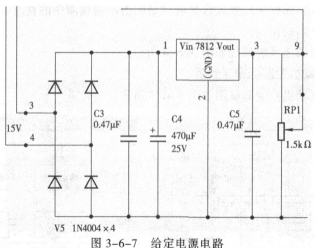

图 3-6-7　给定电源电路

③ 触发电路：触发电路如图 3-6-8 所示，二次绕组 1、2 经 V4 单相半波整流、V11 稳压管稳压在一定的值，但是 1、2 交流端的同名端必须与晶闸管的阴极相位相同，以达到同步

的目的。V9 的作用相当于一个自动可调的电阻器，RP1 的中心点经过 R4→V9 的 e 极（发射极）→V9 的 b 级(基极)→RP2 的中心端→电源的负极。V9 的基极有电流 I_b，V7 和 V8 起钳位作用。调节 RP1，电磁离合器里的电流呈线性变化，此时 V9 中 $I_c = \beta I_b$，此时二次绕组 1、2 之间的电源，此处称为电源（1）经+→R5→R4→V9 的 e 极→V9 的 c 极（集电极）→电容 C2，从而对电容 C2 充电。当电容 C2 两端电压 U_{c2} 大于 V10 峰点电压时，V10 很快由负阻区进入饱和区，使得 T3 的二次绕组产生一个脉冲，加到晶闸管 V12 的控制极。调节 RP1 就可以改变电容 C2 的充电斜率，也就是改变移相角 α。调节过程如下：调节 RP1 阻值的大小→V9 偏置电压 U_{be} 的大小→I_b 的大小→I_c 的大小→C2 充电时间的长短。

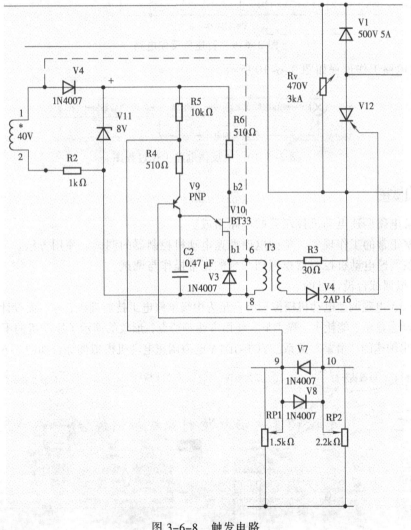

图 3-6-8　触发电路

④ 负反馈电路：由图 3-6-1 可知，测速发电机与电磁离合器（从动轴）相连，两者始终保持同一转速。转速负反馈电路如图 3-6-9 所示，经三相桥式整流，加到 RP2 电位器两端，ΔU（给定电压 U_c 与负反馈电压 U_f 两者之差）作为 V9 调节电位，构成闭环调速系统，保持输出电压 U_o 不随负载的变化而变化。

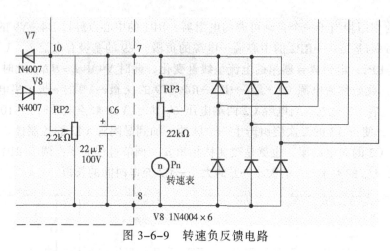

图 3-6-9　转速负反馈电路

负反馈电路工作过程如图 3-6-10 所示。

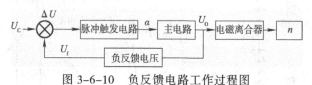

图 3-6-10　负反馈电路工作过程图

训练内容

1. 理解电磁调速电动机控制器的电路组成。

2. 观察正常的工作现象，掌握电磁调速电动机控制器的调试、使用方法。

3. 电磁调速电动机控制器模拟训练台的正常操作与调试。

（1）模拟训练台设计目的

YCT-JD1A 电磁调速电动机模拟训练台是为中级维修电工技能训练、考核而设计制造。具有直现清晰、动态显示、能耗小、噪声低、使用方便等特点，形象的演示了原动机的不变转速及电磁离合器输出轴速的"滑差"关系。YCT-JD1A 电磁调速电动机模拟训练台如图 3-6-11 所示。

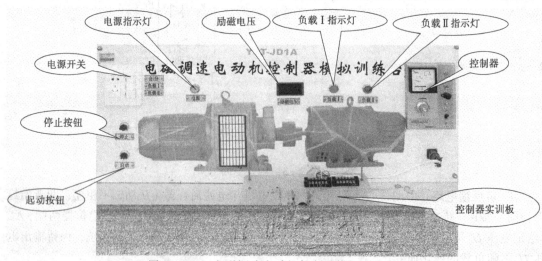

图 3-6-11　电磁调速电动机控制器模拟训练台

（2）模拟训练台主要技术指标

① 电源：交流 220V　50Hz

② 调速范围：0～1200r/min

③ 转速显示：由排灯动态显示

④ 负载：二档

（3）模拟训练台功能

能训练学生对电子设备中因发生"开路"、"短路"、"接触不良"、"元件装错"、"线路接错"、"元件性能变坏"等原因造成的 YCT-JDIA 电磁调速电动机无转速或转速不可调等故障。通过对电路各关键点电压值及波形的检测、分析、查寻与排除，培训学生观察故障现象、分析故障原因、查寻故障点及处理故障的能力。（注：考工中所有故障均设在电磁调速电动机控制器实训板上，电磁调速电动机控制器实训板如图 3-6-12 所示）。

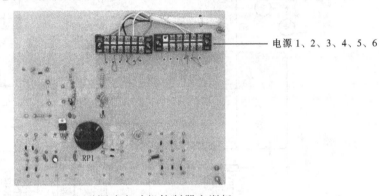

电源1、2、3、4、5、6

图 3-6-12　电磁调速电动机控制器实训板

（4）操作与调试

① 开机：

a. 合上电源开关，黄色电源指示灯亮。

b. 起动原动机：按下起动按钮时，代表原动机的红色排灯以恒速旋转。

c. 合上 JD1A 控制器开关调速：调节实训板上 RP1 电位器绿色排灯，训练台上转速表会慢速旋转并指示转速，并有数字电压表指示当时励磁电压。

d. 加负载：在训练台上分别合上"负载Ⅰ"或"负载Ⅱ"开关，相应的指示灯就亮。当"负载Ⅰ"开关合上时，绿指示灯就亮；当"负载Ⅱ"合上时，红指示灯就亮。

② 关机：

a. 断开负载。

b. 调小 RP1 使转速为 0。

c. 关断 JD1A 开关。

d. 停止原动机。

e. 断开电源开关。

（5）检测仪器及工具

① 数字万用表：3 位半、含电容量测量。

② 双踪示波器：频率 20MHz。

③ 电烙铁：功率 35W 以上。

④ 镊子。

⑤ 剪子。

⑥ 辅料：φ0.8mm 焊锡丝、松香、易损元件等。

电磁调速电动机控制器电路原理图如图 3-6-13 所示，主要由晶闸管主电路、给定电源电路、触发电路、负反馈电路等组成。

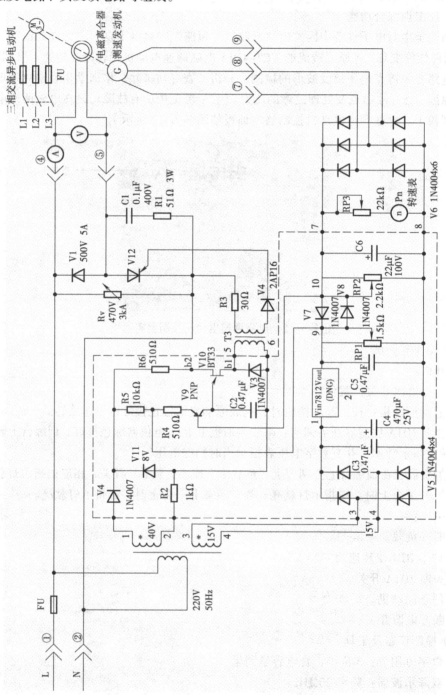

图 3-6-13　电磁调速电动机控制器电路原理图

4．排故

（1）故障排除要求

① 学生能够熟练掌握电磁调速电动机控制器的原理图，并能够将图纸与实物一一对应。

② 在有故障的电磁调速电动机控制器板上，由教师示范检修，边分析、边检查，直至找出故障点及排除。

③ 由教师人为设置自然故障点，指导学生如何从故障现象着手进行分析，逐步引导学生采用正确的检查步骤和检修方法。

④ 学生相互设置故障，逐一检修，并在规定时间内排除故障。

（2）排故方法及步骤

① 先观察控制器有无断路、短路、烧蚀；检查控制器板上所有线路通断。

② 观察控制板上元件有无缺失或明显损坏，判断电阻值是否与原理图一致，判断二极管的好坏。

③ 检测电源1、2与电源3、4处的稳压输出，判断两电源是否完好。

④ 三极管 V9 对电源负极的电压（用数字万用表测量）。

⑤ 看波形帮助检修。用示波器观察，V11 稳压管阴极有梯形波、C2 有锯齿波、V3 阴极端有脉冲波时为正常。

（3）YCT-JD1A 电磁调速控制器故障分析

YCT-JD1A 电磁调速控制器故障分析举例如表 3-6-1 所示。

表 3-6-1　YCT-JD1A 电磁调速控制器部分故障与分析

故障现象	可　能　原　因
接通电源后指示灯不亮	（1）航空插头或接插件接触不良
	（2）指示灯坏或未拧紧
	（3）保险座中的保险管烧断
	（4）电源开关接触不良
调节电位器 RP1，无励磁电压，无转速且表指示为"0"	（1）实训板上电源1、2处是否正常
	（2）实训板上电源1、2、3、4是否断线或者错位，5、6是否断线
	（3）V9 各管脚电位是否正常（把 RP1 调节到最大，相当于正常时 1200r/min 各类数据）
	（4）V9 的发射极 e 与基极 b 是否有电位差，正常时为 0.7V 左右
	（5）V3 二极管短路或者极性接错
	（6）C2 电容短路或者电容容量增大
	（7）V9 管脚错位（a.无电压 b.电压最高）
	（8）电源1极性反相（V11 接反）
	（9）V10 管脚错位或者坏了
	（10）R4、R5、R6 阻值发生变化
	（11）RP1、RP2 电位器有断路
	（12）所有连接线是否有虚焊、断线、少线、多线

故障现象	可 能 原 因
调节电位器 RP1，无作用即飞车，励磁电压及转速均显示最大	（1）电源 3、4 点处不正常
	（2）电压负反馈 7 或 8 断线
	（3）电压负反馈 7 或 8 搞错，变成电压正反馈
	（4）RP1 电位器断线
	（5）V9 管脚错位
	（6）V9 采用 NPN 管(飞车)但管脚正确

排故中一些参考数据如表 3-6-2、表 3-6-3、表 3-6-4 所示。由于每台控制器实训板上的元器件存在误差等原因，数据会略有差别，仅供参考。

表 3-6-2 电源一（即变压器一次绕组 1、2 输出）

变压器一次绕组 1、2（交流）	整流后电压（直流）	稳压后电压（直流）	压降
40V 左右	18～19V	5～6V	13～14V

表 3-6-3 电源二（即变压器二次绕组 3、4 输出）

变压器二次绕组 3、4（交流）	整流后电压（C4 两端）	稳压后电压（C5 两端）
15V 左右	18V 左右	12V 左右

表 3-6-4 V9 各管脚相对电源二负极的电压值

转速（r/min）	V9e 极（V）	V9b 极（V）	V9c 极（V）	测速电压（V）	励磁电压（V）
0	0	0	−0.18	1.2	7.7
300	4.84	4.34	2.08	6.04	24
600	7	6.65	2.11	11.38	45
900	9.56	9.26	2.19	16.92	64
1200	11.88	11.64	2.33	21.5	79

（4）填写电路故障分析表

填写电路故障分析表 3-6-5。

表 3-6-5 电路故障分析

故 障 现 象	可 能 原 因	处 理 方 法
调节 RP1，输出电压 6V 和转速表为 400r/min，两者均无变化		
微调 RP1 无作用，输出电压为最高，转速为最大		
…		

故障排除考核

评分项目	评 分 标 准	自评	小组评	教师评	得分
设备正确操作熟练程度（20 分）	（1）熟练操作被排故设备 20 分				
	（2）较熟练操作被排故设备 16 分				
	（3）操作排故设备不熟练 12 分				
	（4）基本不会操作被排故设备 0～8 分				

评分项目	评 分 标 准	自评	小组评	教师评	得分
设备图纸及各电器布局熟练程度（20分）	（1）对设备图纸与电器布局能完全对号 16～20 分				
	（2）对设备图纸与电器布局一般熟悉 12～16 分				
	（3）对设备图纸与电器布局不太熟悉或完全不熟悉 0～12 分				
故障所在范围判断到位程度（20分）	（1）故障范围判断迅速 16～20 分				
	（2）故障范围判断过大或过小 10～16 分				
	（3）故障点不在判断故障范围内 0～10 分				
故障排除能力（30分）	按设故障点难易、数量分配分数				
	（1）排故流程正确，能迅速找到故障并能排除 25～30 分				
	（2）排故流程正确，故障点查找困难 20～25 分				
	（3）排故流程基本正确，没有找到故障点但基本分析到位 10～20 分				
	（4）排故流程错误，找不到故障 0～10 分				
仪器及工具使用（10分）	（1）能熟练使用仪表工具 8～10 分				
	（2）能使用仪表工具 5～8 分				
	（3）使用仪表工具不熟练 3～5 分				
安全、文明操作	（1）万用表损坏总分扣 20 分				
	（2）不穿电工鞋总分扣 5 分				
	（3）引起接地、短路触电故障总分扣 20～40 分				
考核时间	40 min。每超时 1 min 扣 1 分				
考核日期	考核人签名				

以下由检修人员填写：

故障现象

检修分析

检修步骤

故障部位

电路图

电梯主电路原理图如图 3-7-1 所示。电梯 PLC 输入输出端子接线图如图 3-7-2 所示。

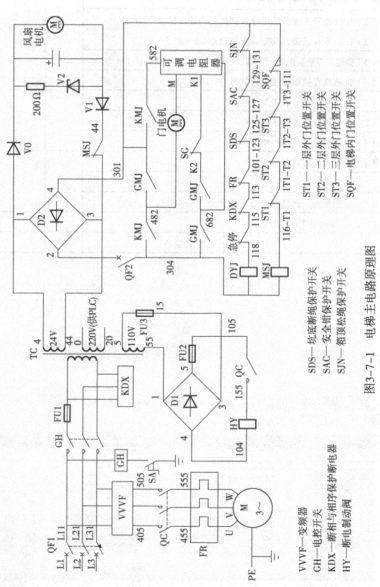

图3-7-1　电梯主电路原理图

ST1——层外门位置开关
ST2——二层外门位置开关
ST3——三层外门位置开关
SQF——电梯内门位置开关

SDS——坑底断绳保护开关
SAC——安全钳保护开关
SJN——箱顶松绳保护开关

VVVF——变频器
GH——电控开关
KDX——断相与相序保护断电器
HY——断电制动阀

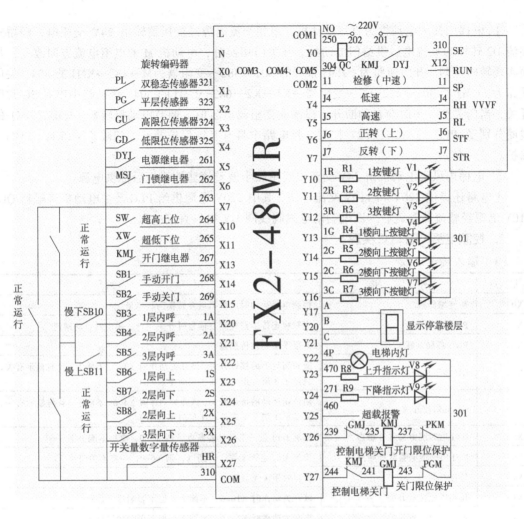

DYJ—电源继电器　MSJ—门锁继电器

KMJ—开门继电器　GMJ—关门继电器

图 3-7-2　电梯 PLC 输入输出端子接线图

工作原理

1. 主电路

① 正常工作时应合上自动空气断路器 QF1、QF2 及开关 SA，主开关 GH 将自动接通。

② 通电后，电源继电器 DYJ 及门锁继电器 MSJ 线圈应得电。DYJ 的线圈控制电路为 DYJ 的 304→118→115→113→101→125→129→SJN 的 301（其间串有急停开关、断相与相序保护继电器 KDX、热继电器 FR、坑底断绳保护开关 SDS、安全钳保护开关 SAC、箱顶松绳保护开关 SJN）；MSJ 的线圈控制电路为 MSJ 的 304→116→T2→T3→1T3→SQF 的 301，其间串有 ST1（一层外门）、ST2（二层外门）、ST3（三层外门）、SQF（电梯内门）位置开关。

③ 电梯升降主电机为三相异步电动机，由 380V 交流电源供电，电动机调速及正反转由变频器 VVVF 控制，电动机工作受电动机主接触器 QC 控制（QC 的电磁线圈受 PLC 输出端 Y0 控制）。

④ 电梯门开关电动机为直流电动机，单相交流电源经变压器输出 24V 交流电，经桥式整流 D2 转换为直流电后供给门电动机。开关门切换时，电动机 M 的电枢电流方向改变，从而实现转向控制。开门通路为：KMJ 常开的 301→582→变阻器→M→482→KMJ 的 304，关门通路为：GMJ 的 301→482→M→变阻器→K1→K2→682→GMJ 的 304，该电路中串有 SG 常闭开关，当门关至一半时会自动断开，以改变变阻器电阻值，调节电动机转速。KMJ、GMJ 的线圈分别受 PLC 的 Y26、Y27 控制，且电路中具有互锁保护及开关门限位（PKM、PGM）保护。

⑤ 电梯内风扇电动机由 24V 交流电经单相半波整流滤波稳压后提供电源。

主电路还提供 220V 和 110V 交流电源，其中 220V 电源供给 PLC 及主电动机接触器 QC；110V 电源经整流器整流后为断电制动电磁阀线圈 HY 提供直流电源。

2. 控制电路（由 PLC 实现）

（1）输入端子接线

输入点	外　　接	作　　用
X0	旋转编码器	检测电梯运动时的模拟量并转换为数字量
X1	PU 平层开关	当双稳态传感器检测有信号时开关闭合，平层时自动减速
X2	PG（各层并联）	各层平层到位传感器
X3	GU 高限位开关	随轿箱运动的接近开关，该开关动作时 X3=0，不能上，且与显示有关，只显示 3 层（正常停在 3 层时不显示）
X4	GD 低限位开关	随轿箱运动的接近开关，该开关动作时 X4=0，不能下，且与显示有关，只显示 1 层（正常停在 1 层时不显示）
X5	DYJ 电源继电器常开触点	检测 DYJ 是否工作，若断电，则 X5=0，电机不能上下
X6	MSJ 门锁继电器常开触点	检测 MSJ 是否工作，若断电，则 X6=0，一直不关门
X7	外接开关	检修时用（无故障）
X10	超高限位接近开关	该开关动作时 X10=0，不能上，但不影响楼层显示
X11	超低限位接近开关	该开关动作时 X11=0，不能下，但不影响楼层显示
X12	变频器 RUN	使变频器处于运行状态
X13	KMJ 常开触点	检测 KMJ 是否工作
X14	手动开门按钮 SB1（各层并）	若有故障，则 X14=0，不能手动开门
X15	手动关门按钮 SB2（各层并）	若有故障，则 X15=0，不能手动关门
X16	空	
X20	1 层内呼按钮 SB3	若有故障，则 X20=0，1 层内呼失效
X21	2 层内呼 SB4	若有故障，则 X21=0，2 层内呼失效
X22	3 层内呼 SB5	若有故障，则 X22=0，3 层内呼失效
X23	1 层向上外呼 SB6	若有故障，则 X23=0，1 层向上外呼失效
X24	2 层向上外呼 SB7	若有故障，则 X24=0，2 层向上外呼失效
X25	2 层向下外呼 SB8	若有故障，则 X25=0，2 层向下外呼失效
X26	3 层向下外呼 SB9	若有故障，则 X26=0，3 层向下外呼失效
X27	开关量数字开关	旋转编码器控制
COM	电源公共端	

（2）输出端子接线

输出点	外　接	作　用
Y0-COM1	控制 QC 主电机接触器线圈	DYJ、KMJ 正常工作后，该线圈应得电，若有故障则 QC 不吸合
COM2	VVVF 的 SP 端	用于检修时控制 VVVF 中速运行，并与 Y4～Y7 组成回路
Y4	VVVF 的 RH 端	控制 VVVF 低速运行（平层需减速），若有故障，则不能减速
Y5	VVVF 的 RL 端	控制 VVVF 高速运行（升降时），若有故障，则升降时不能高速
Y6	VVVF 的 STF 端	控制 VVVF 正转运行（上升），若有故障，则不能上
Y7	VVVF 的 STR 端	控制 VVVF 反转运行（下降），若有故障，则不能下
COM3 COM4 COM5	与主电路 304 相连	为 Y10~Y27 提供回路
Y10	1 层呼叫灯 1R→V1 的 301	若有故障，则 1 层呼叫按键不亮
Y11	2 层呼叫灯 2R→V2 的 301	若有故障，则 2 层呼叫按键不亮
Y12	3 层呼叫灯 3R→V3 的 301	若有故障，则 3 层呼叫按键不亮
Y13	控制 1 层向上外呼灯	
Y14	控制 2 层向上外呼灯	
Y15	控制 2 层向下外呼灯	
Y16	控制 3 层向下外呼灯	
Y17	楼层显示器 A 端	若有故障，则 1 层不显示
Y20	楼层显示器 B 端	若有故障，则 2 层不显示
Y21	楼层显示器 C 端	若有故障，则 3 层不显示
Y22	电梯内灯	
Y23	上升指示灯	
Y24	下降指示灯	
Y25	超载报警	
Y26	控制 KMJ 开门继电器线圈	按开门按钮，该线圈应得电，若有故障，则 KMJ 不吸合（不亮）
Y27	控制 GMJ 开门继电器线圈	按关门按钮，该线圈应得电，若有故障，则 GMJ 不吸合（不亮）

训练内容

1. 熟悉正常运行

（1）分别合上 QF1、QF2、SA。

（2）观察电控柜：

通电后 DYJ 线圈应得电、DYJ 的指示灯亮；电动机门应处于关闭状态，故 MSJ 线圈应得电、MSJ 的指示灯亮；电动机被接通，故 QC 应动作吸合。

正常现象为：高限位开关 GU、低限位开关 GD、电源继电器 DYJ、超高上限位开关 SW、超低下限位开关 XW 均应闭合，因此 PLC 输入端 X3（停在三层除外）、X4（停在一层除外）、X5、X10、X11 应有信号，即对应的 PLC 相应的输入端指示灯亮。

正常工作时由于 QC 接触器得电吸合，故 PLC 的输出端 Y0 指示灯亮；在电梯上升时，电动机应能正转，故 Y6 指示灯亮；电梯下降时，电动机应能反转，故 Y7 指示灯亮有输出。

电气控制柜如图 3-7-3 所示。

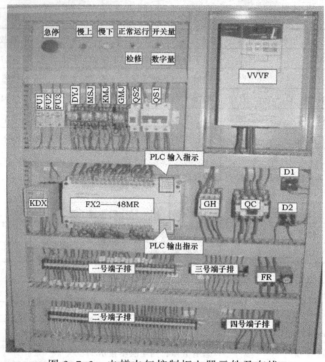

图 3-7-3　电梯电气控制柜电器元件及布线

（3）起动各层内、外呼按钮，观察自动开关门、上下楼外呼按钮灯、停层显示、运行速度和手动开关门情况；电梯外观如图 3-7-4 所示。

（4）根据故障现象判断故障范围，用电阻测量法或电压测量法查故。

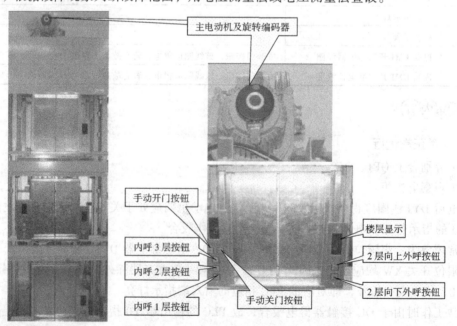

图 3-7-4　电梯外观及各按键示意图

2. 了解电路故障（分布图如图 3-7-5 所示）

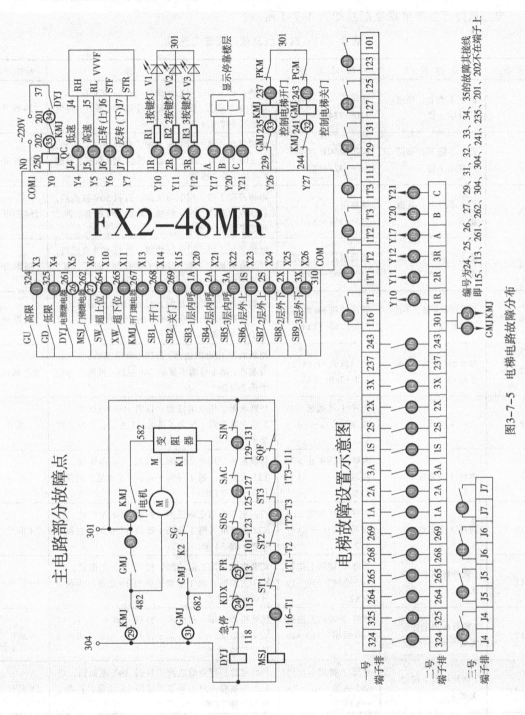

图3-7-5　电梯电路故障分布

第三部分　维修电工中高级工拓展训练

3. 根据故障现象对照故障图进行分析

电路故障点及故障现象汇总如表 3-7-1 所示。

表 3-7-1　故障点及故障现象汇总表

故障点	故 障 现 象	故 障 范 围	检 查 步 骤	故障点
1	能下不能上，楼层只显示 3 楼	高限位 GU 两端，310→324→X3	电梯停在 1 楼，用电压法测，打到 50V 直流挡，以 310 为基准，测 1 号端子排的 324 断开，再测 2 号端子排 324 通	324 断开
2	能上不能下，楼层只显示 1 楼	低限位 GD 两端，310→325→X4	电梯停在 3 楼，用电压法测，打到 50V 直流挡，以 310 为基准，测 1 号端子排的 325 断开，再测 2 号端子排 325 通	325 断开
3	能下不能上，其他正常	超高限位 SW 两端，310→264→X10	电梯停在 1 楼，用电压法测，打到 50V 直流挡，以 310 为基准，测 1 号端子排的 264 断开，测 2 号端子排 264 通	264 断开
4	能上不能下，其他正常	超低限位 XW 两端，310→265→X11	电梯停在 3 楼，用电压法测，打到 50V 直流挡，以 310 为基准，测 1 号端子排的 265 断开，测 2 号端子排 265 通	265 断开
6	自动运行正常，不能手动开门	开门按钮 SB 两端，310→268→X14	切断电源，用电阻法测，打到 100 电阻挡，以 X14 为基准，测 1 号端子排的 268 通，再测 2 号端子排 268 断	268 断开
7	自动运行正常，不能手动关门	关门按钮 SB 两端，310→269→X15	切断电源，用电阻法测，打到 100 电阻挡，以 X15 为基准，测 1 号端子排的 269 也通，再测 2 号端子排 269 断	269 断开
8	内呼 1 楼无效	内呼 1 楼按钮 SB1 两端，310→1A→X20	切断电源，用电阻法测，打到 100K 电阻挡，以 X20 为基准测 1 号端子排的 1A 也通，再测 2 号端子排 1A 断	1A 断开
9	内呼 2 楼无效	内呼 2 楼按钮 SB2 两端，310→2A→X21	切断电源，用电阻法测，打到 100 电阻挡，以 X21 为基准，测 1 号端子排的 2A 也通，再测 2 号端子排 2A 断	2A 断开
10	内呼 3 楼无效	内呼 3 楼按钮 SB3 两端，310→3A→X22	切断电源，用电阻法测，打到 100 电阻挡，以 X22 为基准，测 1 号端子排的 3A 也通，再测 2 号端子排 3A 断	3A 断开
11	1 楼外呼向上按钮无效	外呼 1 楼向上按钮 SB5 两端，310→1S→X23	切断电源，用电阻法测，打到 100 电阻挡，以 X23 为基准，测 1 号端子排的 1S 也通，再测 2 号端子排 1S 断	1S 断开
12	2 楼外呼向上按钮无效	外呼 2 楼向上按钮 SB6 两端，310→2S→X24	切断电源，用电阻法测，打到 100 电阻挡，以 X24 为基准，测 1 号端子排的 2S 也通，再测 2 号端子排 2S 断	2S 断开
13	2 楼外呼向下按钮无效	外呼 2 楼向下按钮 SB7 两端，310→2X→X25	切断电源，用电阻法测，打到 100 电阻挡，以 X25 为基准，测 1 号端子排的 2X 也通，再测 2 号端子排 2X 断	2X 断开
14	3 楼外呼向下按钮无效	外呼 3 楼向下按钮 SB8 两端，310→3X→X26	切断电源，用电阻法测，打到 100 电阻挡，以 X26 为基准，测 1 号端子排的 3X 也通，再测 2 号端子排 3X 断	3X 断开

故障点	故 障 现 象	故 障 范 围	检 查 步 骤	故障点
15	不能开门,刚合上电源时 Y26 有输出,KMJ 不得电	Y26→235→237→PKM 的 301	切断电源,用电阻法测,打到 100 电阻挡,以 301 为基准,测 239 断,测 KMJ 的 237 断,再测 1 号端子排 237 断,再测 2 号端子排 237 通	237 断开
16	不能关门,刚合上电源时 Y27 有输出,GMJ 不得电	Y27→241→243→PGM 的 301	切断电源,用电阻法测,打到 100 电阻挡,以 301 为基准,测 244 断,测 GMJ 的 243 断,再测 1 号端子排 243 断,再测 2 号端子排 243 通	243 断开
17	上电之后一直开关门,MSJ 不得电	MSJ 的 304→116→T2→T3→1T3→SQF 的 301	切断电源,用电阻法测,打到 100 电阻挡,以 301 为基准,测 304 断,测 MSJ 的 116 断,再测 1 号端子排 116 断,再测 1 号端子排 T2 通	116～T1 断开
18	上电之后一直开关门,MSJ 不得电	MSJ 的 304→116→T2→T3→1T3→SQF 的 302	切断电源,用电阻法测,打到 100 电阻挡,以 301 为基准,测 304 断,测 MSJ 的 116 断,再测 1 号端子排 T2 断,再测 1 号端子排 T3 通	T2～1T1 断开
19	上电之后一直开关门,MSJ 不得电	MSJ 的 304→116→T2→T3→1T3→SQF 的 303	切断电源,用电阻法测,打到 100 电阻挡,以 301 为基准,测 304 断,测 MSJ 的 116 断,再测 1 号端子排 T3 断,再测 1 号端子排 1T3 通	T3～1T2 断开
20	上电之后一直开关门,MSJ 不得电	MSJ 的 304→116→T2→T3→1T3→SQF 的 304	切断电源,用电阻法测,打到 100 电阻挡,以 301 为基准,测 304 断,测 MSJ 的 116 断,再测 1 号端子排 1T3 断,再测 1 号端子排 301 通	1T3～111 断开
21	整机不工作,DYJ 不得电,有显示所停层	DYJ 的 304→118→115→113→101→125→129→SJN 的 301	电梯停止运行,用电压法测,打到 50V 电压挡,以 301 为基准,测 304 断,测 125 断,测 129 断,测 131 通	129～131 断开
22	整机不工作,DYJ 不得电,有显示所停层	DYJ 的 304→118→115→113→101→125→129→SJN 的 301	电梯停止运行,用电压法测,打到 50V 电压挡,以 301 为基准,测 304 断,测 125 断,测 127 通	125～127 断开
23	整机不工作,DYJ 不得电,有显示所停层	DYJ 的 304→118→115→113→101→125→129→SJN 的 301	电梯停止运行,用电压法测,打到 50V 电压挡,以 301 为基准,测 304 断,测 101 断,测 123 通	101～123 断开
24	整机不工作,DYJ 不得电,有显示所停层	DYJ 的 304→118→115→113→101→125→129→SJN 的 301	电梯停止运行,用电压法测,打到 50V 电压挡,以 301 为基准,测 304 断,测 115 断,测 KDX 的 113 断,测 FU 的 113 通	113 断开
25	整机不工作,DYJ 不得电,有显示所停层	DYJ 的 304→118→115→113→101→125→129→SJN 的 301	电梯停止运行,用电压法测,打到 50V 电压挡,以 301 为基准,测 304 断,测 118 断,测 FR 上的 101 断,测端子上的 101 通	115 断开
26	整机不工作,DYJ 得电,X5 没输入	DYJ 常开两端,301→261→X5	电梯停止运行,用电压法测,打到 50V 电压挡,以 301 为基准,测 X5 断,测 DYJ 的 261 通	261 断开
27	上电之后一直开关门,MSJ 得电,X6 没输入	MSJ 常开两端,310→262→X6	电梯停止运行,用电阻法测,打到 100 电阻挡,以 310 为基准,测 X6 通,测 MSJ 的 262 断	262 断开
28	不能开门,刚合上电源时 Y26 有输出,KMJ 得电	KMJ 常开的 301→582→变阻器→M→482→KMJ 的 304	电梯停止运行,用电阻法测,打到 100 电阻挡,测 304 全通,582→482 通,测 KMJ 的 301 断开	301 断开

故障点	故 障 现 象	故 障 范 围	检 查 步 骤	故障点
29	不能开门，刚合上电源时 Y26 有输出，KMJ 得电	KMJ 常开的 301→582→变阻器→M→482→KMJ 的 304	电梯停止运行，用电阻法测，打到 100 电阻挡，测 301 全通，582→482 通，测 KMJ 的 304 断开	304 断开
30	不能关门，刚合上电源时，Y27 有输出，GMJ 得电	GMJ 的 301→482→M→变阻器→K1→K2→682→GMJ 的 304	电梯停止运行，用电阻法测，打到 100 电阻挡，测 304 全通，K2→482 通，测 KMJ 的 301 断开	301 断开
31	不能关门，刚合上电源时，Y27 有输出，GMJ 得电	GMJ 的 301→482→M→变阻器→K1→K2→682→GMJ 的 304	电梯停止运行，用电阻法测，打到 100 电阻挡，测 301 全通，582→482 通，测 KMJ 的 304 断开	304 断开
32	不能关门，刚合上电源时，Y27 有输出，GMJ 不得电	Y27→241→243→PGM 的 301	电梯停止运行，用电阻法测，打到 100 电阻挡，以 244 为基准，测 224 全通，测 KMJ 的 241 通，测 GMJ 的 241 断开	241 断开
33	不能开门，刚合上电源时 Y26 有输出，KMJ 不得电	Y26→235→237→PKM 的 301	电梯停止运行，用电阻法测，打到 100 电阻挡，以 239 为基准，测 239 全通，测 GMJ 的 235 通，测 KMJ 的 235 断开	235 断开
34	不能上下，DYJ 得电，QC 不得电，Y0 有输出	COM1→N0→037→201→202→205→Y0	电梯停止运行，用电压法测，打到 250 交流挡，以 COM1 为基准，测 MSJ 的 201 无电压，测 DYJ 的 201 有电压	201 断开
35	不能上下，DYJ 得电，QC 不得电，Y0 有输出	COM1→N0→037→201→202→205→Y0	电梯停止运行，用电压法测，打到 250 交流挡，以 COM1 为基准，测 MSJ 的 202 有电压，测 QC 的 202 无电压	202 断开
36	1 楼的内呼按键灯不亮，其他运行正常	Y10→1R→V1 的 301	电梯停止运行，按下 1 楼内呼按钮，用电压法测，打到 50V 电压挡，以 301 为基准，测 Y10 断，测 2 号端子排的 1R 断	1R 断开
37	2 楼的内呼按键灯不亮，其他运行正常	Y11→2R→V2 的 301	电梯停止运行，按下 1 楼内呼按钮，用电压法测，打到 50V 电压挡，以 301 为基准，测 Y11 断，测 2 号端子排的 2R 断	2R 断开
38	3 楼的内呼按键灯不亮，其他运行正常	Y12→3R→V3 的 301	电梯停止运行，按下 1 楼内呼按钮，用电压法测，打到 50V 电压挡，以 301 为基准，测 Y12 断，测 2 号端子排的 3R 断	3R 断开
39	1 楼停靠显示灯不亮，其他运行正常	Y17→A	电梯停止运行，停靠在 1 楼，用电阻法测，打到 100 电阻挡，以 Y17 为基准，端子上的 A 断	A 断开
40	2 楼停靠显示灯不亮，其他运行正常	Y20→B	电梯停止运行，停靠在 1 楼，用电阻法测，打到 100 电阻挡，以 Y20 为基准，端子上的 B 断	B 断开
41	3 楼停靠显示灯不亮，其他运行正常	Y21→C	电梯停止运行，停靠在 1 楼，用电阻法测，打到 100 电阻挡，以 Y21 为基准，端子上的 C 断	C 断开
42	电梯高速运行，不可平层，Y4 有输出，没低速	Y4→J4	电梯停止运行，用电阻法测，打到 100 电阻挡，以 Y4 为基准，端子上两个 J4 其中有一个断	J4 断开
43	电梯低速运行，Y5 有输出，没高速	Y5→J5	电梯停止运行，用电阻法测，打到 100 电阻挡，以 Y5 为基准，端子上两个 J5 其中有一个断	J5 断开
44	电梯只下不能上，Y6 正转有输出	Y6→J6	电梯停止运行，用电阻法测，打到 100 电阻挡，以 Y6 基准，端子上两个 J6 其中有一个断	J6 断开
45	电梯只上不能下，Y7 反转有输出	Y7→J7	电梯停止运行，用电阻法测，打到 100 电阻挡，以 Y7 基准，端子上两个 J7 其中有一个断	J7 断开

4. 按故障现象分类

按故障现象分类，如表 3-7-2 所示。

表 3-7-2　按故障现象分类

故障分类	现象之一	现象之二	故障点	查找范围	故障号
不能上下	只上不下（在 3 层时不能上）	X4=0（楼层只显示 1 楼）	GD-325-X4	PLC/I	2
		X11=0	XW-265-X11		4
		X4=X11=1，Y7=1，但 VVVF 不工作	Y7-J7-VVVF	PLC/O	45
	只下不上（在 1 层时不能下）	X3=0（楼层只显示 3 楼）	GU-324-X3	PLC/I	1
		X10=0	SW-264-X10		3
		X3=X10=1，Y6=1，但 VVVF 不工作	Y6-J6-J6	PLC/O	44
	上下均不能	可以开关门，DYJ=1,Y0=1，但 QC=0	Y0-202	PLC/O	35
			Y0-201		34
整机不工作	DYJ=1	X5=0	DYJ-261-X5	PLC/I	26
	DYJ=0	有显示所停层	129～131	主电路	21
			125～127		22
			101～123		23
			113		24
			115		25
不能开关门	不能开门	KMJ=0，但按开门按钮时，Y27/Y26 有输出切换	235	PLC/O	33
			237		15
		刚合上电源时 Y26 有输出，KMJ=1	301	主电路	28
			304		29
	不能关门	GMJ=0,但按开门按钮时，Y27/Y26 有输出切换	Y27-241	PLC/O	32
			Y27-243		16
		刚合上电源时，Y27 有输出，GMJ=1	301	主电路	30
			304		31
	手动按钮失效	不能开	268-X14	PLC/I	6
		不能关	269-X15		7
一直开关门		MSJ 反复通断，但 X6=0	262-X6	PLC/I	27
	一直开关门	MSJ=0	116～T1	主电路	17
			1T1～T2		18
			1T2～T3		19
			1T3～111		20
不能呼叫	不能内呼	1 楼	1A	PLC/I	8
		2 楼	2A		9
		3 楼	3A		10
	不能外呼	1 楼向上	1S		11

续表

故障分类	现象之一	现象之二	故障点	查找范围	故障号
		2楼向上	2S		12
		2楼向下	2X		13
		3楼向下	3X		14
无信号指示	内呼按键灯不亮	1楼不亮	1R	PLC/O	36
		2楼不亮	2R		37
		3楼不亮	3R		38
	外呼不显示层号	1层不显	A		39
		2层不显	B		40
		3层不显	C		41
不能变速	不能高速运行	Y5=1	J5	PLC/O	43
	不能低速运行	Y4=1，不能平层	J4		42

故障排除考核

学号		班级		姓名	
时间	30 min	开始时间		实际操作时间	

考核内容	考核要求	配分	评分标准	得分	备注
电梯故障检修	正确判断故障现象	10	故障范围判断不正确扣5～10分		
	写出故障分析思路	20	思路不清扣5～10分		
	检修方法、步骤	20	每提醒一次扣5分		
	合理选用检修仪器仪表	10	选用不当每项扣3～5分		
	故障点排除和复原	10	提示一次扣10分		
超时	不能超时15 min （每超2 min表扣总分1分）		教师	签字：	日期：

以下由检修人员填写：

故障现象

检修分析

检修步骤

故障部位

附　录

导线截面积的选择

导线截面的选择应根据电流大小及工作温度来考虑，表 1-1 所示为 500V 单芯橡皮、塑料电线在常温下的安全载流量。

表 1-1　500V 单芯橡皮、塑料电线在常温下的安全载流量

线芯截面积/mm²	橡皮绝缘（BX）电线安全载流量/A		塑料绝缘（BV）电线安全载流量/A	
	铜　芯	铝　芯	铜　芯	铝　芯
0.75	18	—	16	—
1.0	21	—	19	—
1.5	27	19	24	18
2.5	33	27	32	25
4	45	35	42	32
6	58	45	55	42
10	85	65	75	59
16	110	85	105	80

表 1-2 所示为常用导线的型号及主要用途。

表 1-2　常用导线的型号及主要用途

类　型	型　号	名　称	主　要　用　途
橡皮绝缘电线	BLX（BX）	铝（铜）芯线	固定敷设用，用于交流额定电压 250V 和 500V 的电路中
	BXR	铜芯软线	连接电气设备的移动部分，用于交流额定电压 500V 的电路中
	BXS	双芯线	供干燥场所敷设绝缘子上；用于交流额定电压 250V 的电路中
	BXH	铜芯花线	供干燥场所移动式用电设备接线，线芯间额定电压 250V
	BLXG（BXG）	铝（铜）芯穿管线	供交流电压 500V 或直流电流 1000V 电路中配电和连接仪表，适于管内敷设
聚氯乙烯（塑料）绝缘电线	BLV（BV）	铝（铜）芯线	交流电压 500V 以下，直流电压 1000V 以下；室内固定敷设用
	BLVV（BVV）	铝（铜）芯护套线	

类 型	型 号	名 称	主 要 用 途
聚氯乙烯（塑料）绝缘电线	BVR	铜芯软线	交流电压 500V 以下；要求电线比较柔软的场所敷设用
	BLV-1（BV-1）	室外用铝（铜）芯线	交流电压 500V 以下；室外固定敷设用
	BLVV-1（BVV-1）	室外用铝（铜）芯护套线	
	RVB	平行软线	交流电压 250V 以下；室内连接小型电器，移动或半移动敷设时用
	RVS	双绞软线	

　　我国编制的低压电器产品型号适用于下列 12 大类产品：刀开关和转换开关、熔断器、断路器、控制器、接触器、启动器、控制继电器、主令电器、电阻器、变阻器、调整器、电磁铁。

　　1. 电器产品型号组成形式及含义如下：

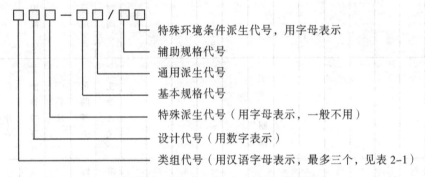

表 2-1　低压电器产品型号类组代号表

代号	名称	A	B	C	D	G	H	J	K	L	M	P	Q	R	S	T	U	W	X	Y	Z
H	刀开关和转换开关				刀开关		封闭式负荷开关		开启式负荷开关					熔断器式刀开关	刀形转换开关					其他	组合开关
R	熔断器			插入式		汇流排式			螺旋式		密封管式				快速	有填料管			限流	其他	
D	断路器								照明		灭磁				快速		框架式	限流	其他	塑料外壳式	

代号	名称	A	B	C	D	G	H	J	K	L	M	P	Q	R	S	T	U	W	X	Y	Z
K	控制式					鼓形						平面			凸轮					其他	
C	接触器					高压		交流				中频		时间						其他	直流
Q	启动器	铵钮式		磁力				减压						手动			油浸		星三角	其他	综合
J	控制继电器									电流				热	时间	通用		温度		其他	中间
L	主令电器	按钮							主令控制器					主令开关	足踏开关	旋钮		万能转换开关	行程开关	其他	
Z	电阻器		板形元件	冲片元件		管形元件								烧结元件	铸铁元件				电阻器	其他	
B	变阻器			旋臂式						励磁		频敏	起动	石墨	起动调速		油浸起动	液体起动	滑线式	其他	
T	调整器				电压																
M	电磁铁												牵引					起重			制动
A	其他		保护器	插销	灯		接线盒			铃											

2. 常用电器型号举例

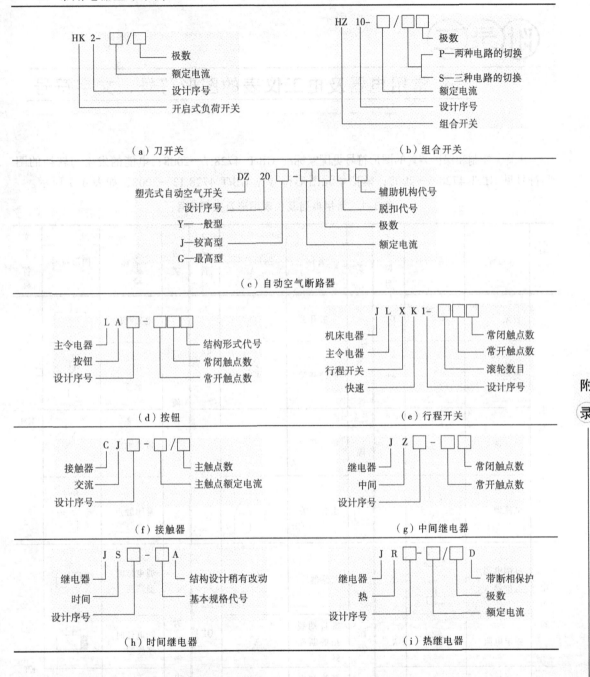

（a）刀开关

（b）组合开关

（c）自动空气断路器

（d）按钮

（e）行程开关

（f）接触器

（g）中间继电器

（h）时间继电器

（i）热继电器

常用电器及电工仪表的图形符号、文字符号

开关、控制和保护装置的图形符号见国家标准 GB/T 4728.7—2008；电能的发生与转换的图形符号见 GB/T 4728.6—2008；模拟单元图形符号见 GB/T 4728.13—2008，如表 3-1 所示。

表 3-1　常用电器及仪表图形及文字符号

分类	名称	图形符号	文字符号	分类	名称	图形符号	文字符号	分类	名称	图形符号	文字符号
电源	直流		DC	开关	一般开关		SA	交流接触器	电磁线圈		KM
	交流		AC		旋转开关				常开主触点		
	电压源		U_s	隔离开关	负荷开关		QS		常开触点		
	电流源		I_s		组合开关				常闭触点		
电阻器	可调电阻电位器		R_P	断路器	断路器		QF	时间继电器	通电延时型线圈		KT
	固定电阻		R		带自动脱扣的断路器				断电延时型线圈		
电容器	普通电容		C		带热和电磁效应的断路器				电子继电器线圈		
	极性电容电解电容		CA 或 C	按钮开关	常开按钮	E--	SB		延时闭合常开触点		

分类	名称	图形符号	文字符号	分类	名称	图形符号	文字符号	分类	名称	图形符号	文字符号
电容器	可调电容	(可调电容符号)		按钮开关	常闭按钮	(常闭按钮符号)		时间继电器	延时断开常闭触点	(符号)	
电感器感应线圈		(电感符号)	L		复合按钮	(复合按钮符号)			延时断开常开触点	(符号)	
带铁心线圈		(带铁心线圈符号)		行程开关	常开触点	(常开触点符号)	SQ		延时闭合常闭触点	(符号)	
二极管		(二极管符号)	VD		常闭触点	(常闭触点符号)		速度继电器常开触点		n (符号)	KS
接地		(接地符号)			熔断器	(熔断器符号)	FU				
接机壳		(接机壳符号)			指示灯	⊗	HL	热继电器	热元器件	(符号)	FR
保护接地		(保护接地符号)			照明灯	⊗	EL		常闭触点	(符号)	
电流表		Ⓐ	PA		有热元器件的气体放电管(别名:荧光灯启辉器)	(符号)			电磁铁线圈	(符号)	YA
电压表		Ⓥ	PV		单相变压器	(单相变压器符号)	T	中间、电流、电压、继电器线圈(触点图形与交流接触器同)	中间	(符号)	KA
功率表		Ⓦ	PW		控制变压器	(控制变压器符号)	TC		过电流	$I>$	KA
电能表		Wh	PJ		三相自耦变压器	(三相自耦变压器符号)	T		欠电流	$I<$	KA
机械能电池			GA		单相笼形异步电动机(有绕组分相引出端)	$\dfrac{M}{1\sim}$	M		过电压	$U>$	KV
化学能电池			GB		三相笼形异步电动机	$\dfrac{M}{3\sim}$	M		欠电压	$U<$	KV
太阳能电池			GC		三相绕线形异步电动机	$\dfrac{M}{3\sim}$	M		零压	$U=0$	KV

附录

151

实 训 项 目 报 告

（封面）

班　　级	
姓　　名	
学　　号	
指导教师	
实训项目 1 成绩	
实训项目 2 成绩	
实训项目 3 成绩	
实训项目 4 成绩	
实训项目 5 成绩	
实训项目 6 成绩	
实训项目 7 成绩	

项目一

照明电路的安装与调试

材料清单

将选用材料及工具清单填入表 1-1-1。

表 1-1-1

序 号	代 号	物 品 名 称	规 格	数 量	备 注

项目实施计划

根据项目情况把项目计划时间、完成时间、完成情况填入表 1-1-2。

表 1-1-2

步 骤	内 容	计划时间	实际时间	完成情况
1	看懂电路图，明确电路工作原理			
2	画出元件安装布置图、接线图			
3	选择电气元件并填入材料清单中			
4	检查元件质量			
5	按电工工艺要求安装元器件			
6	按电工工艺要求接线			
7	用绝缘电阻表测量绝缘电阻			
8	用万用表测试电路			
9	合格后通电试验			

 **画出低压电器安装接线图（不够请另附页）**

项目评价表

根据项目评分标准进行自评、组评或师评，评分记入表1-1-3。

表1-1-3

评分项目	评 分 标 准	自评	小组评	教师评	得 分
元件 安装 (15分)	（1）不按电器布置图安装，扣15分				
	（2）元件安装不牢固，每只扣4分				
	（3）安装元件时漏装木螺钉，每只扣2分				
	（4）元件安装不整齐、不匀称、不合理，每只扣3分				
	（5）元件损坏，扣15分				
布线 质量 (35分)	（1）不按电路图接线，扣15分				
	（2）布线不符合要求，每根扣4分				
	（3）火线未进开关，扣15分				
	（4）开关、插座和接线盒不能180°翻盖，每处扣5分				
	（5）接点松动、露铜过长、压绝缘层、反圈等，每个接点 扣2分				
	（6）损伤导线绝缘或线芯，每根扣4分				
	（7）护套线不平直，每根扣5分				
	（8）护套线转角不符合要求或弧度不平滑，每处扣5分				
通电 测试 (50分)	（1）熔体规格配错，扣5分				
	（2）未经检测私自通电扣20分				
	（3）第一次测试不成功，扣20分				
	（4）第二次测试不成功扣35分				
	（5）第三次测试不成功扣50分				
	（6）违反安全文明生产规定，扣5～50分				
时间：	120 min。按每超时5分钟内扣5分计算				
考核日期	考核人签名				

项目问题思考

1. 电路接线正确，但日光灯通电不亮，可能是哪些原因造成的？如何检查修理？

2. 开关为何要接在火线上？

3. 说出启辉器的作用及工作原理，若没有启辉器你能否用其他办法使荧光灯工作？

4. 说出镇流器的作用及工作原理

5. 在安装照明电路中，导线的颜色选择有什么要求？

班级_____ 姓名_____ 学号_____
日期_____ 成绩_____ 教师_____

项目二

电动机"起-保-停"控制电路的安装与调试

材料清单

把本项目选用材料清单填入表 1-2-1。

表 1-2-1

序 号	代 号	名 称	型号与规格	数 量	作 用
1	M	三相异步电动机			
2	QS	组合开关			
3	FU1	螺旋熔断器			
4	FU2	螺旋熔断器			
5	SB1~SB3	按钮			
6	KM	交流接触器			
7	FR	热继电器			
8	XT	接线端子板			

项目实施计划

根据项目情况把计划时间、完成时间、完成情况填入表 1-2-2。

表 1-2-2

步骤	内 容	计划时间	实际时间	完成情况
1	看懂电路图,明确电路工作原理			
2	画出元件布置图			
3	画出接线图			
4	检查元件质量			
5	对导线编号			
6	按工艺要求安装主电路			
7	按工艺要求安装控制电路			
8	用绝缘电阻表测量绝缘电阻			
9	自检电路			
10	交验、通电试车			

画出低压电器安装接线图（不够请另附页）

项目评价表

根据项目评分标准进行自评、组评或师评，评分记入表1-2-3。

表1-2-3

评分项目	评 分 标 准		自评	小组评	教师评	得分
元件安装质量（30分）	（1）元器件选择不当，每件扣1分					
	（2）元件未经检查就装上，扣5分					
	（3）未画出接线图，扣15分					
	（4）元件布局不合理，扣5分					
	（5）操作不方便，维修困难，每件扣3分					
	（5）元件安装不牢，每件扣3分					
	（6）安装时损坏元件，扣15分					
线路敷设质量（30分）	（1）不按原理图接线扣20分					
	（2）线路敷设整齐、横平竖直，不交叉、不跨接。布线不合要求每根扣3分					
	（3）导线露铜过长、压绝缘层、绕向不正确每处扣2分					
	（4）导线压接坚固、不伤线芯。损伤导线绝缘或芯线每根扣2分					
	（5）编码管齐全，每缺一处扣0.5分					
	（6）漏接接地线，扣10分					
通电试车（40分）	（1）正确整定热继电器整定值，不会或未整定，扣5分					
	（2）正确选配熔芯，错配熔芯扣5分					
	（3）第一次通电不成功，扣10分					
	（3）两次通电不成功，扣20分					
	（4）三次通电不成功，扣40分					
	（5）违反安全操作规程扣10～40分					
考核时间	180 min。每超时10 min扣5分					
考核日期		考核人签名				

项目问题思考

1. "起-保-停"电路需要有哪三种保护？为什么有了熔断器还要有热继电器？

2. 起动按钮与并联的接触器自锁触点起什么作用？为什么不能用普通开关代替？

3. 线圈的直流电阻大约为多少？若线圈的额定电压为220V，控制电路的电源将怎样引入？

4. 按装螺旋式熔断器对接线有何要求？为什么？

5. 分析图 1-2-2 所示各电路能否实现"起-保-停"控制，按下起动按钮后可能会出现什么现象？

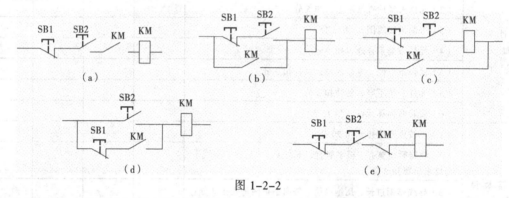

图 1-2-2

6. 断开电源，在 KM 的自锁触点中插入一厚纸片，合上电源，再按下起动按钮，电机能否运行？能否保持？

班级_____ 姓名_____ 学号_____

日期_____ 成绩_____ 教师_____

项目三

电动机正反转控制电路的安装与调试

材料清单

把选用材料及工具清单填入表 1-3-1。

表 1-3-1

序 号	代 号	名 称	型号与规格	数 量	作 用

项目实施计划

根据项目情况把计划时间、完成时间、完成情况填入表 1-3-2。

表 1-3-2

步 骤	内 容	计划时间	实际时间	完成情况
1	看懂电路图，明确电路工作原理			
2	画出元件布置图			
3	画出接线图			
4	检查元件质量			
5	对导线编号			
6	按工艺要求安装主电路			
7	按工艺要求安装控制电路			
8	用兆欧表测量绝缘电阻			
9	自检电路			
10	交验、通电试车			

**画出低压电器安装接线图（不够请另附页）**

项目评价表

根据项目评分标准进行自评、组评或师评，评分记入表1-3-3。

表1-3-3

评分项目	评 分 标 准	自评	小组评	教师评	得分
元件安装质量（30分）	（1）元器件选择不当，每件扣1分				
	（2）元件未经检查就装上，扣5分				
	（3）不按布置图安装元件，扣15分				
	（4）元件布局不合理，扣5分				
	（5）操作不方便，维修困难，每件扣3分				
	（5）元件安装不牢，每件扣3分				
	（6）安装时损坏元件，扣15分				
线路敷设质量（30分）	（1）不按原理图接线扣20分				
	（2）线路铺设整齐、横平竖直，不交叉、不跨接。布线不合要求每根扣3分				
	（3）导线露铜过长、压绝缘层、绕向不正确每处扣2分				
	（4）导线压接坚固、不伤线芯。损伤导线绝缘或芯线每根扣2分				
	（5）编码管齐全，每缺一处扣0.5分				
	（6）漏接接地线，扣10分				
通电试车（40分）	（1）正确整定热继电器整定值，不会或未整定，扣5分				
	（2）正确选配熔心，错配熔心扣5分				
	（3）第一次通电不成功，扣10分				
	（3）两次通电不成功，扣20分				
	（4）三次通电不成功，扣40分				
	（5）违反安全操作规程扣10～40分				
考核时间	180 min。每超时10 min扣5分				
考核日期	考核人签名				

项目问题思考

1. 电动机正、反转控制线路中，为什么必须防止两个接触器同时工作？采用哪些方法可有效避免，各有何利弊？

2. 请说出在本电路中起到互锁保护、短路保护、过载保护、失（欠）压保护的元件名称，及这些保护的实际意义。

3. 断开电源，在 KM1 的互锁触点中插入一厚纸片，合上电源，再按下反转按钮 SB3，电动机能否反转？为什么？

4. 将图 1-3-1 的控制电路改接为图 1-3-2（a），并进行功能对比。

班级_____ 姓名_____ 学号_____
日期_____ 成绩_____ 教师_____

项目四

星形-三角形降压起动电路的安装与调试

材料清单

选用材料及工具清单填表 1-4-1。

表 1-4-1

序　号	代　号	名　称	型号与规格	数　量	作　用

项目实施计划

根据项目情况把项目计划时间、完成时间、完成情况填入表 1-4-2。

表 1-4-2

步　骤	内　　容	计划时间	实际时间	完成情况
1	看懂电路图，明确电路工作原理			
2	画出元件布置图			
3	画出接线图			
4	检查元件质量			
5	对导线编号			
6	按工艺要求安装主电路			
7	按工艺要求安装控制电路			
8	用兆欧表测量绝缘电阻			
9	自检电路			
10	交验、通电试车			

画出低压电器安装接线图（不够请另附页）

项目评价表

根据项目评分标准进行自评、组评或师评，评分记入表 1-4-3。

表 1-4-3

评分项目	评 分 标 准	自评	小组评	教师评	得分
元件安装质量（30分）	（1）元器件选择不当，每件扣 1 分				
	（2）元件未经检查就装上，扣 5 分				
	（3）不按布置图安装元件，扣 15 分				
	（4）元件布局不合理，扣 5 分				
	（5）操作不方便，维修困难，每件扣 3 分				
	（5）元件安装不牢，每件扣 3 分				
	（6）安装时损坏元件，扣 15 分				
线路敷设质量（30）分	（1）不按原理图接线扣 20 分				
	（2）线路铺设整齐、横平竖直，不交叉、不跨接。布线不合要求每根扣 3 分				
	（3）导线露铜过长、压绝缘层、绕向不正确每处扣 2 分				
	（4）导线压接坚固、不伤线芯。损伤导线绝缘或芯线每根扣 2 分				
	（5）编码管齐全，每缺一处扣 0.5 分				
	（6）漏接接地线，扣 10 分				
通电试车（40分）	（1）正确整定热继电器整定值，不会或未整定，扣 5 分				
	（2）正确选配熔心，错配熔心扣 5 分				
	（3）第一次通电不成功，扣 10 分				
	（3）两次通电不成功，扣 20 分				
	（4）三次通电不成功，扣 40 分				
	（5）违反安全操作规程扣 10～40 分				
考核时间	180 min。每超时 10 min 扣 5 分				
考核日期		考核人签名			

项目问题思考

1. 采用丫-△降压起动对笼形电动机有何要求？

2. 在 KM_Y 和 $KM_\triangle$ 线圈回路中串联的 $KM_\triangle$、KM_Y 常闭触点有何作用？若取消之，对主电路 Y–△换接起动有何影响？后果怎样？

3. 图 1–4–8 电路的主电路同图 1–4–1，该电路能在 KM1 断电后实现 Y–△切换，接触器的常开触点在无电下断开，不发生电弧，可延长使用寿命。试分析之。

4. 请说出通电延时型时间继电器与断电延时型的区别（包括电气符号）。如果用一只断电延时式时间继电器来设计异步电动机的 Y–△降压起动控制线路，试问控制回路如何设计？

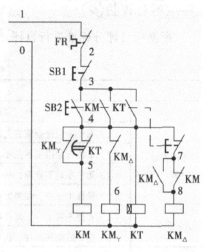

图 1–4–8　电路

项目五

电动机的拆装与绕组判别

材料清单

选用材料及工具清单填表1-5-3。

表 1-5-3

代　号	名　　　称	型号与规格	数　量	作　　用

项目实施计划

根据项目情况把计划时间、完成时间、完成情况填入表1-5-4。

表 1-5-4

步　骤	内　　容	计划时间	实际时间	完成情况
1				
2				
3				
4				
5				
6				
7				
8				
9				
10				

 项目评价表

根据项目评分标准进行自评、组评或师评，评分记入表1-5-5。

表 1-5-5

评分项目	评 分 标 准	自评	小组评	教师评	得分
拆卸质量（30分）	（1）拆卸方法、步骤不正确扣10分				
	（2）损坏零部件，每只扣10分				
	（3）碰伤定子绕组，扣20分				
	（4）拆卸标记不清楚，每处扣5分				
清洗装配质量（30）分	（1）轴承清洗不干净扣10分，丢失零部件，每只扣3分				
	（2）装配方法、步骤有错，扣10分				
	（2）损坏零部件，每只扣10分				
	（3）碰伤定子绕组，扣20分				
	（4）紧固螺钉未紧，每只2分				
	（5）装配后转动不灵活扣10分				
绕组判断（40分）	（1）仪表使用方法不对，扣5～10分				
	（2）三相绕组分不清，扣10分				
	（3）首尾判断错误，扣15分				
	（4）标记不清，扣10分				
	（5）不会对电机进行丫和△连接，每项扣5分				
考核时间	180 min。每超时10 min扣5分，违反安全文明生产酌情扣分				
考核日期	考核人签名				

项目问题思考

1. 简述电动机的拆装顺序和注意事项。

2. 请说出电动机定子绕组首末端正确判断的实际意义？

3. 电动机定子绕组首末端如何判断？

班级_____姓名_____学号_____

日期_____成绩_____教师_____

项目六

电路故障排除技能训练

排故记录

根据给出故障电路，填写以下内容：

1. 故障现象

2. 故障分析

3. 排故步骤

4. 故障排除

项目评价表

根据项目评分标准进行自评、组评或师评，评分记入表1-6-7。

表 1-6-7

评分项目	评分标准	自评	小组评	教师评	得分
故障描述 （30分）	（1）表述不清扣10分				
	（2）表述错误扣30分				
分析故障范围 （30）分	（1）故障范围过大扣10分				
	（2）故障范围叙述不清扣15分				
	（3）分析错误扣30分				
故障排除 （40）分	（1）仪表使用方法不对，每次扣5～10分				
	（2）排除故障的方法不正确，扣10分				
	（3）扩大故障范围或产生新的故障而不能自己修复，扣40分				
	（4）故障判断错误扣30分				
	（5）经提示结果仍不正确扣10分				
考核时间	15 min。每超时5 min扣5分，违反安全文明生产酌情扣分				
考核日期		考核人签名			

项目问题思考

1. 可以用哪些方法确定故障点？

2. Y-△降压起动时间控制电路如图 1-6-4 所示。

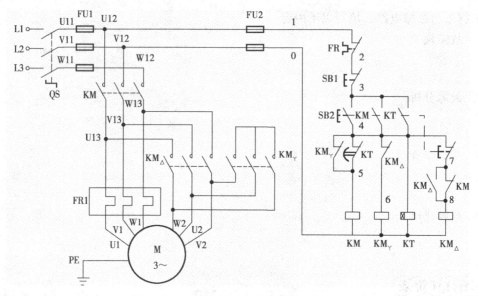

图 1-6-4　Y-△降压起动时间控制电路

① 故障现象为按下 SB2，KM 不能自锁，请指出故障范围。

② 故障现象为 KM△ 不能自锁，请说出故障范围。

③ 故障现象为 KM 线圈不得电，请说出故障范围

④ 故障现象为按下 SB2，只有 KM 触点动作，其他线圈均不得电，请说出故障范围。

3. Y-△手动控制电路如图 1-6-5 所示。

故障现象为：按下 SB2，只有 KM 吸合，分析故障点。

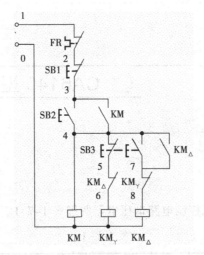

图 1-6-5　丫-△降压起动手动控制电路

班级＿＿＿＿＿＿＿　姓名＿＿＿＿＿＿＿　学号＿＿＿＿＿＿＿

日期＿＿＿＿＿＿＿　成绩＿＿＿＿＿＿＿　教师＿＿＿＿＿＿＿

项目七

CA6140 型车床的电气测绘

材料清单

根据其铭牌列写机床电气控制电路低压电器明细表 1-7-1。

表 1-7-1

序 号	代 号	物品名称	型 号	规 格	数 量	用 途
1						
2						
3						
4						
5						
6						
7						
8						
9						
10						

**画出低压电器安装接线图**（不够请另附页）

画出电路原理图

项目评价表

根据项目评分标准进行自评、组评或师评，评分记入表 1-7-2。

表 1-7-2

评分项目	评 分 标 准	自评	小组评	教师评	得分
绘制接线图（30分）	（1）绘制电气接线图时，图形符号或文字符号错1处，扣5分				
	（2）绘制电气接线图时，接线图错1处，扣10分				
	（3）绘制电气接线图不规范及不标准，扣15分				
绘制电路图（40分）	（1）绘制电气电路图时，图形符号或文字符号错1处，扣5分				
	（2）绘制电气电路图时，接线图错1处，扣10分				
	（3）绘制电气电路图不规范及不标准，扣20分				
简述原理（30分）	（1）缺少一个完整独立部分的电气控制线路的动作，扣10分				
	（2）在简述每一个独立部分电气控制线路的动作时不完善，每处扣10分				
	（3）简述电气动作过程错误，扣30分				
考核时间	120 min。每超时10 min扣5分，违反安全文明生产酌情扣分				
考核日期		考核人签名			

📝 项目问题思考

1. CA6140型车床电动机没有反转控制，而主轴有反转要求（例如车削螺纹有顺向和逆向），是靠什么来实现的？

2. 简述CA6140型车床中M1、M2、M3各有何电气保护措施？冷却泵电动机与主轴电动机之间有怎样的顺序关系？ 如何实现？

3. CA6140型车床的主轴电动机因过载而自动停车后，操作者立即按起动按钮，但电动机不能起动，这是为什么？

实训 项目报告

4. 绘制电动原理图有哪些基本原则？

5. 简述在 CA6140 模拟电气控制柜试车的步骤、方法和注意事项。

班级_____ 姓名_____ 学号_____

日期_____ 成绩_____ 教师_____

参 考 文 献

[1] 顾永杰.电工电子技术实训教程[M].上海：上海交通大学出版社，1999.

[2] 编审委员会.维修电工（初级、中级、高级）职业技能鉴定教材[M].北京：中国劳动社会保障出版社，1998.

[3] 王兵.常用机床电气检修[M]. 北京：中国劳动社会保障出版社，2006.

[4] 编审委员会.维修电工（技师技能 高级技师技能）[M]. 北京：中国劳动社会保障出版社，2004.

[5] 肖华中，刘文胜.电工技能技术实训[M].北京：中国水利水电出版社，2004.

[6] 袁维义.电工技能实训[M].北京：电子工业出版社，2003.

[7] 马克联.电工基本技能实训指导[M].北京：化学工业出版社，2001.

[8] 编审委员会.电力拖动控制线路与技能训练[M].北京：中国劳动社会保障出版社，2001.

[9] 编审委员会.中级维修电工工艺学[M].北京：机械工业出版社，1998.

[10] 编审委员会.电工技能培训图册[M].北京：机械工业出版社，1997.

[11] 黄忠琴.电工电子实验实训教程[M].苏州：苏州大学出版社，2005.

[12] 陆国和.电工实验与实训[M]. 北京：高等教育出版社，2005.

[13] 张文明，贺刚.电工电子实验实训指导书[M].北京：清华大学出版社，北京交通大学出版社，2005.

[14] 编审委员会.电工生产实习[M]. 北京：中国劳动社会保障出版社，1999.